软考论文高分特训与范文 10 篇——信息系统项目管理师（第二版）

主　编　薛大龙

副主编　唐　徽　刘开向　胡　强　王跃利

U0194721

中国水利水电出版社
www.waterpub.com.cn

·北京·

内 容 提 要

本书是信息系统项目管理师考试的论文专项集训用书，基于新颁大纲第 4 版编写。

本书围绕考生在备考论文过程中的典型痛点与难点，结合作者多年的信息系统项目管理师课程培训经验，基于对历年论文题目及考点的系统分析与准确把握，把论文写作的基础、写作要求与策略、论文评判标准、优秀论文点评、完整论文范文等有机地组织起来，以期能够从降低论文写作难度和提高论文写作技巧两个维度齐头并进，快速提高考生的论文写作水平和考试通过率。

本书适合信息系统项目管理师考试的备考考生阅读，也适合相关培训班作为信息系统项目管理师论文专项培训的教材使用，希望本书能给相关师生带来切实的帮助。

图书在版编目（CIP）数据

软考论文高分特训与范文10篇. 信息系统项目管理师/
薛大龙主编. -- 2版. -- 北京：中国水利水电出版社，
2024.1（2025.3重印）
ISBN 978-7-5226-2086-2

Ⅰ. ①软… Ⅱ. ①薛… Ⅲ. ①信息系统－项目管理－
资格考试－自学参考资料 Ⅳ. ①TP3

中国国家版本馆CIP数据核字(2024)第009601号

策划编辑：周春元　　　责任编辑：王开云　　　封面设计：李　佳

书　名	软考论文高分特训与范文 10 篇——信息系统项目管理师（第二版） RUANKAO LUNWEN GAOFEN TEXUN YU FANWEN 10 PIAN—XINXI XITONG XIANGMU GUANLISHI
作　者	主　编　薛大龙 副主编　唐　徹　刘开向　胡　强　王跃利
出版发行	中国水利水电出版社 （北京市海淀区玉渊潭南路 1 号 D 座　100038） 网址：www.waterpub.com.cn E-mail：mchannel@263.net（答疑） 　　　　sales@mwr.gov.cn 电话：（010）68545888（营销中心）、82562819（组稿）
经　售	北京科水图书销售有限公司 电话：（010）68545874、63202643 全国各地新华书店和相关出版物销售网点
排　版	北京万水电子信息有限公司
印　刷	三河市鑫金马印装有限公司
规　格	184mm×240mm　16 开本　9 印张　216 千字
版　次	2022 年 6 月第 1 版　2022 年 6 月第 1 次印刷 2024 年 1 月第 2 版　2025 年 3 月第 3 次印刷
印　数	6001—8000 册
定　价	58.00 元

编委会

前　　言

信息系统项目管理师考试是全国计算机技术与软件专业技术资格（水平）考试（简称"软考"）的高级水平测试。该考试总共包含三个科目，分别是综合知识（又称上午一）、案例分析（又称下午一）、论文（又称下午二）。

由于本考试涉及的知识范围广、难度系数高，所以全国平均通过率一般不超过10%。

这三个科目的考试都不算太容易，对于绝大多数考生来说，论文考试是最困难的。哪怕是对于许多有实际工作经验的考生来说，不知道如何进行知识准备、不知道如何下笔写作、不知道如何组织写作思路、不知道论文的判卷标准、难以找到完整真实的论文范文作为学习参考，也经常会成为他们备考过程中的典型困惑。

具有超过十年软考课程培训及阅卷经验的软考培训金牌讲师薛大龙博士，组织多名领域内的资深培训讲师，综合各个讲师的黄金授课经验，基于系统的考点大数据分析，针对考生的上述困惑，精心设计与编写了本书。

本书基于新颁大纲第4版编写。第1章根据项目管理的五大过程组、十大知识域和项目绩效域，系统地讲授了对应的论文写作所需的知识准备。第2章主要讲解论文的写作要求及应对策略，其中给出了论文的判卷评分标准、通用写作框架，可以帮助考生高效地学会论文编写的通用性思路与方法。在第3章里，具有判卷经验的讲师结合自身的判卷经验，精心选择了三篇论文进行点评，以期读者能够从中更直接地感受论文写作的注意事项。在第4章，编者精心选择了10篇优秀、真实、完整的论文供读者参考。这10篇论文，有针对性地覆盖了本科目的十大知识域，或者说，有针对性地覆盖了论文考试的范围。

本书由薛大龙担任主编，唐徽、刘开向、胡强、王跃利担任副主编，几位老师均为资深软考培训讲师，具有丰富的软考培训与命题研究经验。书中各图由马利永和胡强绘制。全书由唐徽统稿，薛大龙定稿。

主要作者介绍

薛大龙，全国计算机技术与软件专业技术资格（水平）考试辅导教材编委会主任，北大博雅客座教授，财政部政府采购评审专家，北京市评标专家，软考课程面授及网校名师，曾多次参与软考命题与阅卷，授课通俗易懂、深入浅出，善于把握考试重点、总结考试规律、理论结合实际，深受学员喜爱。

唐徽，信息系统项目管理师，系统集成项目管理工程师，信息系统监理师；从事信息管理相关工作多年，面授名师、网校名师，多次受邀进行大型国企、上市公司企业内训；多次受邀参与多家大型企业项目指导工作；任《信息系统项目管理师章节习题与考点特训》副主编、

《信息系统项目管理师历年真题解析（第 4 版）》副主编、《系统集成项目管理工程师历年真题解析（第 5 版）》副主编。

刘开向，信息系统项目管理师，系统规划与管理师，系统集成项目管理工程师；从事信息管理相关工作，具有多年的信息化项目管理经验，对于信息系统项目管理师、系统规划与管理师、系统集成项目管理工程师等科目具有丰富的授课经验，擅长对考试进行分析和总结；任《系统集成项目管理工程师历年真题解析（第 5 版）》副主编，参与多本相关图书的编写及后期审核、修改工作。

胡强，信息系统项目管理师，系统架构设计师，系统分析师，信息安全工程师。广州市科技进步奖获得者，拥有二十多年大型国资企业信息化工程建设、信息化管理从业经验。

王跃利，信息系统项目管理师，系统规划与管理师，系统集成项目管理工程师，企业内部培训师，面授名师、网校名师；曾应多家企业邀请，负责企业内部培训工作，对于信息系统项目管理师、系统规划与管理师、系统集成项目管理工程师等科目具有丰富的授课经验，擅长对考试进行分析和总结；曾多次参与企业项目建设管理工作；参与多本图书的编写及后期审核、修改工作。

编 者

2023 年 8 月于北京

目　　录

第**1**章
论文涉及的项目管理知识准备

1.1　历年论文题目及考查点梳理

　　论文就是结合理论阐述自己在项目中怎么进行项目管理相关工作。近年的考试论文主要分为两个类型：一类是十大知识域；另一类是非十大知识域。十大管理知识域论文，考点主要是十大知识域其中的一个或多个知识域，然后根据资料，阐述实际工作中作为项目经理如何对一个或多个知识域的管理过程进行管理。非十大管理知识域论文，考点主要是相应管理的管理内容，如绩效域、合同管理等，一般要求根据资料阐述实际工作中作为项目经理，如何对其进行管理。要写好论文就需要熟悉五大过程组、十大知识域的 49 个过程、项目绩效域等知识域，掌握它们的内容，理解它们的作用，熟悉相关的重要知识点，比如绩效域的绩效要点、预期目标、指标及检查方法。历年论文题目见表 1-1-1。

表 1-1-1　信息系统项目管理师历年论文题目（2011 年 5 月－2023 年 11 月）

时间	论文一	论文二
2011 年 11 月	质量管理	人力资源管理：团队建设
2012 年 5 月	风险管理	可行性研究
2012 年 11 月	安全策略	大型项目的管理
2013 年 5 月	沟通管理	风险管理
2013 年 11 月	质量管理	沟通管理
2014 年 5 月	人力资源管理	范围管理
2014 年 11 月	论多项目的资源管理	进度管理
2015 年 5 月	风险管理	质量管理
2015 年 11 月	大项目/多项目的成本管理	采购管理

续表

时间	论文一	论文二
2016 年 5 月	范围管理	进度管理
2016 年 11 月	绩效管理	人力资源管理
2017 年 5 月	范围管理	采购管理
2017 年 11 月	安全管理	成本管理
2018 年 5 月	质量管理	人力资源管理
2018 年 11 月	沟通管理	风险管理
2019 年 5 月	风险管理+安全管理	人力资源+成本管理
2019 年 11 月	整体管理	沟通管理（+干系人管理）
2020 年 11 月	成本管理	采购管理
2021 年 5 月	范围管理	合同管理
2021 年 11 月	招投标管理	进度管理
2022 年 5 月	干系人管理	
2022 年 11 月	质量管理	
2023 年 5 月	风险管理	
2023 年 11 月	干系人管理	
	工作绩效域管理	
	合同管理	
	资源管理	
2024 年 5 月	进度管理	
	成本管理	

历年论文题目及论文要求见表 1-1-2。

表 1-1-2　信息系统项目管理师历年论文题目及论文要求（2011 年 5 月－2023 年 11 月）

时间	论文题目	论文要求
2011 年 11 月	质量管理	1．概要叙述你参与管理过的信息系统项目（项目的背景、项目规模、发起单位、目的、项目内容、组织结构、项目周期、交付的产品等）。 2．围绕以下几点，结合项目管理实际情况论述你对大型项目质量控制的认识。 （1）质量控制的依据。 （2）质量控制的工具和技术。 （3）质量控制的输出。 3．请结合论文中所提到的信息系统项目，介绍你如何对其执行质量控制（可叙述具体做法），并总结你的心得体会

续表

时间	论文题目	论文要求
2011 年 11 月	人力资源管理：团队建设	1. 概要叙述你参与管理过的信息系统项目（项目的背景、项目规模、发起单位、目的、项目内容、组织结构、项目周期、交付的产品等）。 2. 围绕以下几点，结合项目管理实际情况论述你对项目团队管理的认识。 （1）项目团队管理的输入。 （2）项目团队管理的工具与技术。 （3）项目团队管理的输出。 3. 请结合论文中所提到的信息系统项目，介绍你如何进行团队管理（可叙述具体做法），并总结你的心得体会
2012 年 5 月	风险管理	1. 概要叙述你参与过的信息系统项目（发起单位、目的，项目周期、交付产品等），你在其中承担的工作以及在风险管理过程中承担的工作。 2. 请简要论述你对项目风险的认识和项目风险管理的基本过程、主要方法、工具。 3. 结合你的项目实际经历，请指出你参与管理过的信息系统项目最主要的风险是什么，并具体阐述其应对计划，包括风险描述、出现的原因、采用的具体应对措施、方法和工具等
	可行性研究	1. 概要叙述你参与过的信息系统项目（发起单位、目的、项目周期、交付的产品等），你在其中承担的工作以及在风险管理过程中承担的工作。 2. 结合具体的项目，论述初步可行性和详细可行性研究的主要内容以及两者间的联系和差异。 3. 根据你的项目管理经验，简要阐述可行性研究在信息系统项目中的重要意义
2012 年 11 月	安全策略	1. 概要叙述你参与管理过的信息系统项目（项目的背景、项目规模、发起单位、目的、项目内容、组织结构、项目周期、交付的产品、项目安全需求等）。 2. 围绕以下两方面，结合项目实际论述构建信息系统安全策略的基本内容。 （1）构建信息安全策略的核心内容。 （2）构建信息安全策略的设计原则。 3. 请结合论文中所提到的信息系统项目，简要论述项目中涉及的几种具体的安全策略，并指出其中可以进一步改进之处
	大型项目的管理	1. 简要叙述你参加管理过的大型复杂信息系统项目，包括项目的背景、发起单位、目标、项目内容、项目领域和交付的产品。 2. 结合项目管理的实际情况，就大型复杂信息系统项目的管理从以下三个方面展开论述： （1）大型复杂信息系统项目的特征。 （2）大型复杂信息系统项目的计划过程。 （3）大型复杂信息系统项目的实施和控制过程。 3. 请结合你所参加的大型复杂信息系统项目管理实践经验，介绍你在大型复杂信息系统项目实施过程中的实际管理过程以及采用的方法与工具

续表

时间	论文题目	论文要求
2013 年 5 月	沟通管理	1．概要叙述你参与管理过的大型信息系统项目（项目的背景、项目规模、发起单位、目的、项目内容、组织结构、项目周期、交付的产品等），以及你在其中承担的工作。 2．结合项目管理实际情况并围绕以下要点论述你对大型项目沟通管理的认识： （1）大型信息系统项目的特点。 （2）大型信息系统项目的组织结构和项目干系人分析。 （3）根据大型项目的特点，在制订沟通计划时应该考虑的内容和应遵循的步骤。 （4）大型信息系统项目的沟通管理要点。 （5）实施有效沟通管理的工具和方法。 3．请结合论文中所提到的大型信息系统项目，介绍你如何对其进行沟通管理（可叙述具体做法），并总结你的心得体会
	风险管理	1．结合你参与管理过的大型信息系统项目，概要叙述项目的背景（发起单位、目的、项目周期、交付的产品等），以及你在其中承担的工作。 2．结合你所参与的项目，论述应如何制订大型信息系统项目风险管理计划。 3．结合你所在组织的情况，论述在大型信息系统项目中，应如何进行风险监督控制
2013 年 11 月	质量管理	1．概要叙述你参与的信息系统项目的背景、目的、项目周期、交付的产品、遵循的质量管理体系标准或技术规范等背景信息，以及你在其中承担的主要工作。 2．详细论述该项目进行质量管理的过程和所实施的活动，以及采用的主要方法和工具。 3．结合你的项目经历，从如何提升 IT 项目质量的角度阐述你的经验体会
	沟通管理	1．简要叙述你参与管理过的信息系统项目（如项目背景、发起单位、项目目标、项目内容、组织结构、项目周期、交付的产品、涉及的主要干系人等）和你在其中承担的主要工作。 2．简要叙述沟通管理对该项目的重要性和作用。 3．请结合项目管理理论和你在项目沟通管理中的具体工作，详细论述在项目中如何做好沟通管理
2014 年 5 月	人力资源管理	1．概要叙述你参与管理过的信息系统项目（项目的背景、项目规模、发起单位、目的、项目内容、组织结构、项目周期、交付的产品等）和你在其中承担的工作，要求在该项目的管理中涉及人力资源管理的相关内容。 2．结合项目管理实际情况并围绕以下要点论述你对信息系统项目人力资源管理的认识： （1）项目人力资源管理的含义与作用。 （2）项目人力资源管理包含的主要内容。 （3）项目人力资源管理中用到的工具与技术。 3．请针对论文中所提到的信息系统项目，结合你在项目人力资源管理中遇到的实际问题与解决方法，论述如何做好项目的人力资源管理

时间	论文题目	论文要求
2014 年 5 月	范围管理	1．概要叙述你参与管理过的信息系统项目（项目的背景、项目规模、发起单位、目的、项目内容、组织结构、项目周期、交付的产品等）和你在其中承担的工作。 2．结合项目管理实际情况并围绕以下要点论述你对信息系统项目范围管理的认识： （1）项目范围管理的含义与作用。 （2）项目范围管理包含的主要内容。 （3）项目范围管理中用到的工具与技术。 3．请针对论文中所提到的信息系统项目，结合你在项目范围管理中遇到的实际问题与解决方法，论述如何做好项目的范围管理
2014 年 11 月	论多项目的资源管理	1．简要叙述你同时管理的多个信息系统工程项目，或你所在组织中同时实施的多个信息系统工程项目的基本情况（包括多项目之间的关系，项目的背景、目的、周期、交付产品等相关信息，以及你在其中担任的主要工作等）。 2．结合你参与过的项目，论述如何进行多项目的资源管理。 3．结合实际管理中遇到的问题，简要叙述多项目资源管理的效果以及经验或教训
	进度管理	1．概要叙述你参与管理过的信息系统项目（包括项目的背景、项目规模、发起单位、目的、项目内容、组织结构、项目周期、交付的产品等）。 2．论述你对进度管理的认识，可围绕但不局限于以下要点论述。 （1）项目进度管理的基本过程。 （2）进度管理与范围管理的关系。 3．请结合论文中所提到的项目，介绍你如何对其进度进行管理（可结合进度管理的工具和方法叙述具体做法），并总结你的心得体会
2015 年 5 月	风险管理	1．概要叙述你参与管理过的信息系统项目（项目的背景、项目的规模、发起单位、目的、项目内容、组织结构、项目周期、交付的产品等），并说明你在其中承担的工作。 2．结合项目管理实际情况并围绕以下要点论述你对项目风险管理的认识： （1）项目中的风险，对重点风险的分析和说明。 （2）项目风险管理计划的制订和主要内容。 3．请结合论文中所提到的信息系统项目，介绍你是如何进行风险管理的（可叙述具体做法），并总结你的心得体会
	质量管理	1．概要叙述你参与管理过的信息系统项目（项目的背景、项目的规模、发起单位、目的、项目内容、组织结构、项目周期、交付的产品等），并说明你在其中承担的工作。 2．结合项目管理实际情况并围绕以下要点论述你对信息系统项目质量管理的认识： （1）项目质量管理的过程包含的主要内容。 （2）项目质量管理的过程涉及的输入和输出。 （3）项目质量管理中用到的工具与技术。 3．请结合论文中所提到的信息系统项目，介绍在该项目中你是如何进行质量管理的（可叙述具体做法），并总结你的心得体会

时间	论文题目	论文要求
2015 年 11 月	大项目/多项目的成本管理	1．简要说明你参与的某信息系统大项目或多项目的背景、目的、发起单位的性质、项目的技术和运行特点、项目的周期、成本管理的需求，以及你在项目中的主要工作。 2．结合你参与的大项目或多项目管理，说明你是如何进行项目成本管理的。并结合大项目或多项目管理的相关理论，说明大项目或多项目成本管理的关键、基本输入、使用的基本工具和方法。 3．根据你在大项目或多项目成本管理的实践，阐述你在大项目或多项目成本管理中的经验和教训
	采购管理	1．简述你参与的信息系统集成项目情况（项目的概况，如名称、客户、项目目标、系统构成、采购特点以及你的角色）。 2．请结合你的项目采购管理经历，围绕采购计划的编制、供方选择、合同管理等内容论述你是如何灵活运用采购管理理论来管理项目采购的。 3．简要叙述在实际管理项目时，遇到的典型采购问题及其解决方法
2016 年 5 月	范围管理	1．概要叙述你参与管理过的信息系统项目（项目的背景、项目规模、发起单位、目的、项目内容、组织结构、项目周期、交付的产品等），并说明你在其中承担的工作。 2．围绕以下几点，结合项目管理实际情况论述你对项目范围管理的认识。 （1）确认项目范围对项目管理的意义。 （2）项目范围管理的主要活动及相关的输入和输出。 （3）项目范围管理使用的工具与技术。 3．请结合论文中所提到的信息系统项目，介绍你是如何进行范围管理的（可叙述具体做法），并总结你的心得体会
	进度管理	1．概要叙述你参与管理过的信息系统项目（项目的背景、项目规模、发起单位、目的、项目内容、组织结构、项目周期、交付的产品等），并说明你在其中承担的工作。 2．结合信息系统项目管理实际情况并围绕以下要点论述你对信息系统项目进度管理的认识。 （1）项目进度管理过程包含的主要内容； （2）项目进度管理的重要性，以及进度管理对成本管理和质量管理的影响。 3．请结合论文中所提到的项目，介绍在该项目中是如何进行进度管理的（请叙述具体做法），并总结你的心得体会
2016 年 11 月	绩效管理	1．简要说明你参与的信息系统项目的背景、目的、发起单位的性质，项目的技术和运行特点、项目的周期、绩效管理的特点，以及你在项目中的主要角色和职责。 2．结合你参与的项目，论述项目绩效管理的流程、方法以及使用的基本工具。 3．根据你的项目绩效管理实践，说明你是如何进行项目绩效管理的，有哪些经验和教训

时间	论文题目	论文要求
2016 年 11 月	人力资源管理	1. 简要说明你参与的信息系统项目的背景、目的、发起单位的性质、项目的技术和运行特点、项目的周期、人力资源需求的特点，以及你在项目中的主要角色和职责。 2. 结合你参与的项目，论述项目人力资源管理的主要流程、关键的输入输出、使用的基本工具，以及相关的激励理论和团队建设理论。 3. 根据你的项目人力资源管理实践，说明你是如何进行项目人力资源管理的，有哪些经验和教训
2017 年 5 月	范围管理	1. 概要叙述你所参与管理过的信息系统项目（项目的背景、目标、规模、发起单位、项目内容、组织结构、项目周期、交付成果等），并说明你在其中承担的工作。 2. 结合项目实际。论述你对项目范围管理的认识，可以包括但不限于以下几个方面。 （1）项目范围对项目的意义。 （2）项目范围管理的主要过程、工具与技术。 （3）引起项目范围变更的因素。 （4）如何做好项目范围控制，防止项目范围蔓延。 3. 请结合论文中所提到的信息系统项目，介绍你是如何进行范围管理的，包括具体做法和经验教训
	采购管理	1. 概要叙述你参与管理过的信息系统项目（项目的背景、目标、规模、发起单位、项目内容、组织结构、项目周期、交付成果等），并说明你在其中承担的工作。 2. 结合项目管理实际情况并围绕以下要点论述你对项目采购管理的认识。 （1）编制采购计划。 （2）控制采购。 3. 请结合论文中所提到的信息系统项目，介绍你是如何进行项目采购管理的（可叙述具体做法），并总结你的心得体会
2017 年 11 月	安全管理	1. 概要叙述你参与过的或者你所在组织开展过的信息系统相关项目的基本情况（项目背景、规模、目的、项目内容、组织结构、项目周期、交付成果等），并说明你在其中承担的工作。 2. 结合项目实际，论述你对项目安全管理的认识，可以包括但不限于以下几个方面。 （1）信息安全管理的主要工作内容。 （2）信息安全管理工作内容、使用的工具、技术和方法等。 （3）信息安全管理工作内容、使用的工具、技术和方法如何在项目管理的各个方面（如人力资源管理、文档管理、沟通管理、采购管理）得到体现。 3. 请结合论文中所提到的信息系统项目，介绍你是如何进行安全管理的，包括具体做法和经验教训
	成本管理	1. 概要叙述你参与管理过的信息系统项目（项目的背景、项目规模、目的、项目内容、组织结构、项目周期、交付的产品等），并说明你在其中承担的工作。 2. 结合项目管理实际情况并围绕以下要点论述你对项目成本管理的认识。

时间	论文题目	论文要求
2017 年 11 月	成本管理	（1）制定项目成本管理计划。 （2）项目成本估算、项目成本预算、项目成本控制。 3．请结合论文中所提到的信息系统项目，介绍你是如何进行项目成本管理的（可叙述具体做法），并总结你的心得体会
2018 年 5 月	质量管理	1．概要叙述你参与管理过的信息系统项目（项目的背景、项目规模、发起单位、目的、项目内容、组织结构、项目周期、交付的产品等），并说明你在其中承担的工作。 2．结合项目管理实际情况并围绕以下要点论述你对信息系统项目质量管理的认识。 （1）项目质量与进度、成本、范围之间的密切关系。 （2）项目质量管理的过程及其输入和输出。 （3）项目质量管理中用到的工具与技术。 3．请结合论文中所提到的信息系统项目，介绍你在该项目中是如何进行质量管理的（可叙述具体做法），并总结你的心得体会
	人力资源管理	1．概要叙述你参与管理过的信息系统项目（项目的背景、发起单位、主要内容、项目周期、交付的产品、实现的社会经济效益等），以及该项目在人力资源管理方面的情况。 2．结合项目管理实际情况并围绕以下要点论述你对信息系统项目人力资源管理的认识。 （1）项目人力资源管理的基本过程。 （2）信息系统项目中人力资源管理方面经常会遇到的问题和所采取的解决措施。 3．结合项目实际情况说明在该项目中你是如何进行人力资源管理的（可叙述具体做法），并总结你的心得体会
2018 年 11 月	沟通管理	1．概要叙述你参与管理过的信息系统项目（项目的背景、项目规模、发起单位、目的、项目内容、组织结构、项目周期、交付的产品等），并说明你在其中承担的工作。 2．结合项目管理实际情况并围绕以下要点论述你对信息系统项目沟通管理的认识。 （1）沟通渠道的类别、优缺点及其在沟通管理中的重要性。 （2）项目沟通管理的过程及其输入和输出。 （3）项目管理中如何灵活地应用沟通技巧和沟通方法。 3．请结合论文中所提到的信息系统项目，介绍在该项目中是如何进行沟通管理的（可叙述具体做法），并总结你的心得体会
	风险管理	1．概要叙述你参与管理过的信息系统项目（项目的背景、项目规模、发起单位、目的、项目内容、组织结构、项目周期、交付的产品等），并说明你在其中承担的工作。 2．结合项目管理实际情况并围绕以下要点论述你对信息系统项目风险管理的认识。 （1）项目风险管理的基本过程。 （2）信息系统项目中风险管理方面经常会遇到的问题和所采取的解决措施。 3．结合项目实际情况说明在该项目中你是如何进行风险管理的（可叙述具体做法），并总结你的心得体会

时间	论文题目	论文要求
2019 年 5 月	风险管理+安全管理	1．概要叙述你参与管理过的信息系统项目（项目的背景、项目规模、发起单位、目的、项目内容、组织结构、项目周期、交付的成果等），并说明你在其中承担的工作。 2．结合项目管理实际情况并围绕以下要点论述你对信息系统项目风险管理和安全管理的认识。 （1）项目风险管理和安全管理的联系与区别。 （2）项目风险管理的主要过程和方法。 （3）请解释适度安全、木桶效应这两个常见的安全管理中的概念，并说明安全与应用之间的关系。 3．请结合论文中所提到的信息系统项目，介绍在该项目中是如何进行风险管理和安全管理的（可叙述具体做法），并总结你的心得体会
	人力资源+成本管理	1．概要叙述你参与管理过的信息系统项目（项目的背景、项目规模、发起单位、目的、项目内容、组织结构、项目周期、交付的成果等），以及该项目在人力资源方面的情况。 2．结合项目管理实际情况并围绕以下要点论述你对信息系统项目人力资源管理和成本管理的认识。 （1）项目人力资源管理的基本过程和常用方法。 （2）项目人力资源管理中涉及的成本管理问题和成本管理中涉及的人力资源管理问题。 （3）信息系统发生成本超支后，如何通过人力资源管理来进行改善。 3．结合项目实际情况说明在该项目中你是如何进行人力资源管理和成本管理的（可叙述具体做法），并总结你的心得体会
2019 年 11 月	整体管理	1．概要叙述你参与管理过的信息系统项目（项目的背景、项目规模、发起单位、目的、项目内容、组织结构、项目周期、交付的成果等），并说明你在其中承担的工作（项目背景要求本人真实经历，不得抄袭及杜撰）。 2．请结合你所叙述的信息系统项目，围绕以下要点论述你对信息系统项目整体管理的认识，并总结你的心得体会。 （1）项目整体管理过程。 （2）项目整体变更管理过程，并结合项目管理实际情况写出一个具体变更从申请到关闭的全部过程记录
	沟通管理(+干系人管理)	1．概要叙述你参与管理过的信息系统项目（项目的背景、项目规模、发起单位、目的、项目内容、组织结构、项目周期、交付的成果等），并说明你在其中承担的工作（项目背景要求本人真实经历，不得抄袭及杜撰）。 2．请结合你所叙述的信息系统项目，围绕以下要点论述你对信息系统项目沟通管理的认识，并总结你的心得体会。 （1）项目沟通管理的过程。 （2）项目干系人管理过程，并结合项目管理实际情况制定一个具体的干系人管理计划

时间	论文题目	论文要求
2020 年 11 月	成本管理	1．概要叙述你参与管理过的信息系统项目（项目的背景、项目规模、发起单位、目的、项目内容、组织结构、项目周期、交付的成果等），并说明你在其中承担的工作（项目背景要求本人真实经历，不得抄袭及杜撰）。 2．请结合你所叙述的信息系统项目，围绕以下要点论述你对信息系统项目成本管理的认识，并总结你的心得体会。 （1）项目成本管理的过程。 （2）项目预算的形成过程
	采购管理	1．概要叙述你参与管理过的信息系统项目（项目的背景、项目规模、发起单位、目的、项目内容、组织结构、项目周期、交付的成果等），并说明你在其中承担的工作（项目背景要求本人真实经历，不得抄袭及杜撰）。 2．请结合你所叙述的信息系统项目，围绕以下要点论述你对信息系统项目采购管理的认识，并总结你的心得体会。 （1）项目采购管理的过程。 （2）如果需要进行招投标，请阐述招投标程序
2021 年 5 月	范围管理	1．概要叙述你参与管理过的一个信息系统项目（项目的背景、项目规模、发起单位、目的、项目内容、组织结构、项目周期、交付的成果等），并说明你在其中承担的工作（项目背景要求本人真实经历，不得抄袭及杜撰）。 2．请结合你所叙述的信息系统项目，围绕以下要点论述你对信息系统项目范围管理的认识，并总结你的心得体会。 （1）项目范围管理的过程。 （2）根据你所描述的项目范围，写出核心范围对应的需求跟踪矩阵。 3．请结合你所叙述的项目范围和需求跟踪矩阵，给出项目的 WBS（要求与描述项目保持一致，符合 WBS 原则，至少分解至 5 层）
	合同管理	1．概要叙述你参与管理过的信息系统项目（项目的背景、项目规模、发起单位、目的、项目内容、组织结构、项目周期、交付的成果等），并说明你在其中承担的工作（项目背景要求本人真实经历，不得抄袭及杜撰）。 2．请结合你所叙述的信息系统项目，围绕以下要点论述你对信息系统项目合同管理的认识，并总结你的心得体会。 （1）项目合同管理的过程。 （2）在有监理参与的情况下，结合项目管理实际写出详细的合同索赔流程。 3．请结合你所叙述的信息系统项目，编制一份对应的项目合同（列出主要的条款内容）
2021 年 11 月	招投标管理	招投标管理是应用技术经济的方法和市场经济的竞争作用，有组织开展的一种择优成交的方式。 请以"论信息系统项目的招投标管理"为题进行论述： 1．概要叙述你参与管理过的一个信息系统项目（项目的背景、项目规模、发起单位、目的、项目内容、组织结构、项目周期、交付的成果等），并说明你在其中承担的工作（项目背景要求本人真实经历，不得抄袭及杜撰）。 2．请结合你所叙述的信息系统项目，围绕以下要点论述你对信息系统项目招投标管理的认识，并总结你的心得体会。 （1）项目招投标管理的过程。 （2）根据你所描述的项目，编制一份招标文件中的评分表。 3．请结合你所叙述的项目招投标管理和投标文件，写出从投标文件编写到投标过程中的注意事项

时间	论文题目	论文要求
2021年11月	进度管理	项目进度管理是在项目实施过程中,对各阶段的进展程度和最终完成期限进行管理。其目的是保证项目能在满足时间约束条件的前提下实现其总体目标。 请以"论信息系统项目的进度管理"为题进行论述: 1. 概要叙述你参与管理过程的信息系统项目(项目背景、项目规模、发起单位、目的、项目内容、组织结构、项目周期、交付的成果等),并说明你在其中承担的工作(项目背景要求本人真实经历,不得抄袭及杜撰)。 2. 请结合你所叙述的信息系统项目,围绕以下要点论述你对信息系统项目进度管理的认识,并总结你的心得体会。 (1) 项目进度管理的过程。 (2) 如果在进度管理过程发生进度延迟,请结合实践给出处理办法。 3. 请结合你所叙述的信息系统项目,用甘特图编制一份对应的项目进度计划
2022年5月	干系人管理	项目干系人管理是对项目干系人需求、希望和期望的识别,并通过沟通上的管理来满足其需要、解决问题的过程。 请以"论信息系统项目的干系人管理"为题进行论述: 1. 概要叙述你参与管理过的信息系统项目(项目的背景、项目规模、发起单位、目的、项目内容、组织结构、项目周期、交付的成果等),并说明你在其中承担的工作(项目背景要求本人真实经历,不得抄袭及杜撰)。 2. 请结合你所叙述的信息系统项目,围绕以下要点论述你对信息系统项目干系人管理的认识: (1) 项目干系人管理的过程。 (2) 请根据你所描述的项目,说明干系人管理和沟通管理、需求管理的联系与区别。 (3) 请根据你所描述的项目,写出项目中所涉及的所有干系人,并按照权利/利益方格进行分析,给出具体干系人的管理策略。 3. 请结合你所参与管理过的信息系统项目,论述你进行项目干系人管理的具体做法,并总结心得体会
2022年11月	质量管理	项目质量管理是项目管理的重要组成部分,包括确定质量政策、目标与职责的各过程和活动,从而使项目满足预定的需求。 请以"论信息系统项目的质量管理"为题进行论述: 1. 概要叙述你参与管理过的信息系统项目(项目的背景、项目规模、发起单位、目的、项目内容、组织结构、项目周期、交付的成果等),并说明你在其中承担的工作(项目背景要求本人真实经历,不得抄袭及杜撰)。 2. 请结合你所叙述的信息系统项目,围绕以下要点论述你对信息系统项目质量管理的认识: (1) 该项目质量管理的过程(包含工作内容、目的、涉及角色和主要工作成果)。 (2) 请根据你所描述的项目,详细阐述你是如何进行质量保证的。 (3) 请根据你所描述的项目,帮助 QA 制定一份质量核对单
2023年5月	风险管理	项目风险管理旨在识别和管理未被项目计划及其他过程所管理的风险,如果不妥善管理,这些风险可能导致项目偏离计划,无法达成既定的项目目标。

时间	论文题目	论文要求
2023 年 5 月	风险管理	请以"论信息系统项目的风险管理"为题进行论述。 1．概要叙述你参与管理过的信息系统项目（项目的背景、项目规模、发起单位、目的、项目内容、组织结构、项目周期、交付的成果等），并说明你在其中承担的工作（项目背景要求本人真实经历，不得抄袭及杜撰）。 2．请结合你所叙述的信息系统项目，围绕以下要点论述你对信息系统项目风险管理的认识： （1）请根据你所描述的项目，详细阐述你是如何进行风险识别和风险应对的。 （2）请根据你所描述的项目，写出该项目的风险登记册，并描述风险登记册的具体内容在项目风险管理整个过程中是如何逐步完善的
2023 年 11 月	干系人管理	请以"信息系统项目的干系人管理"为题进行论述。 1．概要叙述你参与管理过的信息系统项目（项目的背景、项目规模、发起单位、目的、项目内容、组织结构、项目周期、交付的成果等），并说明你在其中承担的工作（项目背景要求本人真实经历，不得抄袭及杜撰）。 2．请结合你所叙述的信息系统项目，围绕以下要点论述你对信息系统项目干系人管理的认识： （1）结合项目情况，论述干系人管理的过程，并详细说明各过程的执行要点。 （2）请根据你所描述的项目，论述你利用干系人参与度评估矩阵分析，详细说明你所描述的项目中所有干系人，你是如何进行分类管理的。
	工作绩效域管理	请以"信息系统项目的工作绩效域"为题进行论述。 1．概要叙述你参与管理过的信息系统项目（项目的背景、项目规模、发起单位、目的、项目内容、组织结构、项目周期、交付的成果等），并说明你在其中承担的工作（项目背景要求本人真实经历，不得抄袭及杜撰）。 2．请结合你所叙述的信息系统项目，围绕以下要点论述你对信息系统项目工作绩效域的认识： （1）结合项目情况，论述绩效域的绩效要点。 （2）请根据你所描述的项目，论述绩效域的绩效要点。
	合同管理	请以"信息系统项目的合同管理"为题进行论述。 1．概要叙述你参与管理过的信息系统项目（项目的背景、项目规模、发起单位、目的、项目内容、组织结构、项目周期、交付的成果等），并说明你在其中承担的工作（项目背景要求本人真实经历，不得抄袭及杜撰）。 2．请结合你所叙述的信息系统项目，围绕以下要点论述你对信息系统项目合同管理的认识，并总结你的心得体会： （1）项目合同管理的过程及主要内容。 （2）请结合你所叙述的信息系统项目，编制一份相对应的项目合同。（列出主要的条款内容）
	资源管理	请以"信息系统项目的资源管理"为题进行论述。 1．概要叙述你参与管理过的信息系统项目（项目的背景、项目规模、发起单位、目的、项目内容、组织结构、项目周期、交付的成果等），并说明你在其中承担的工作（项目背景要求本人真实经历，不得抄袭及杜撰）。 2．请结合你所叙述的信息系统项目，围绕以下要点论述你对信息系统项目资源管理的认识，并总结你的心得体会： （1）资源管理的过程。 （2）写出实物资源和人力资源在资源获取和管理控制的不同

时间	论文题目	论文要求
2024 年 5 月	进度管理	请以"信息系统项目的进度管理"为题进行论述。 1. 概要叙述你参与管理过程的信息系统项目（项目背景、项目规模、发起单位、目的、项目内容、组织结构、项目周期、交付的成果等），并说明你在其中承担的工作。 2. 请结合你描述的项目，写出你制定的进度管理计划的主要内容。 3. 请结合你描述的项目，结合各子过程的主要成果，说明你是如何进行控制进度管理过程的。 4. 请结合你描述的项目，说明你是如何进行资源优化的
	成本管理	请以"论信息系统项目的成本管理"为题进行论述。 1. 概要叙述你参与管理过的信息系统项目（项目的背景，项目规模，发起单位，目的，项目内容，组织结构，项目周期，交付的成果等），并说明你在其中承担的工作（项目背景要求本人真实经历，不得抄袭及杜撰）。 2. 请结合你所叙述的信息系统项目，围绕以下要点论述你对信息系统项目成本管理的认识 （1）请结合自己的项目描述成本基准的形成过程和画出成本基准的 S 曲线。 （2）请根据你所管理的项目，描述你是如何控制成本的

综合以上，历年论文都强调了知识域的管理过程，因此需要掌握论文相关的理论知识。

1.2　项目整合管理论文重要知识点

1.2.1　项目整合管理的内容

整合管理包括识别、定义、组合、统一和协调项目管理过程组的各个过程和项目管理活动。在项目管理中，整合管理兼具统一、合并、沟通和建立联系的性质，项目整合管理贯穿项目始终。项目整合管理的目标包括：①资源分配；②平衡竞争性需求；③研究各种备选方法；④裁剪过程以实现项目目标；⑤管理各个项目管理知识领域之间的依赖关系。

项目整合管理包括七个过程。

（1）**制定项目章程**：编写一份正式批准项目并授权项目经理在项目活动中使用组织资源的文件。本过程的主要作用：明确项目与组织战略目标之间的直接联系；确定项目的正式地位；展示组织对项目的承诺。本过程仅开展一次或仅在项目的预定义时开展。

（2）**制订项目管理计划**：定义、准备和协调项目计划的所有组成部分，并把它们整合为一份综合项目管理计划。本过程的主要作用：生成一份综合文件，用于确定所有项目工作的基础及其执行方式。

（3）**指导与管理项目工作**：为实现项目目标而领导和执行项目管理计划中所确定的工作，并实施已批准变更。本过程的主要作用：对项目工作和可交付成果开展综合管理，以提高项目成功的可能性。本过程需要在整个项目期间开展。

（4）**管理项目知识**：使用现有知识并生成新知识，以实现项目目标，帮助组织学习。本过程的主要作用：利用已有的组织知识来创造或改进项目成果；使当前项目创造的知识可用于支持组织运营和未来的项目或阶段。本过程需要在整个项目期间开展。

（5）**监控项目工作**：跟踪、审查和报告整体项目进展，以实现项目管理计划中确定的绩效目标。本过程的主要作用：①让干系人了解项目的当前状态并认可为处理绩效问题而采取的行动；②通过成本和进度预测，让干系人了解项目的未来状态。本过程需要在整个项目期间开展。

（6）**实施整体变更控制**：审查所有变更请求，批准变更，管理可交付成果、组织过程资产、项目文件和项目管理计划的变更，并对变更处理结果进行沟通。本过程的主要作用：确保对项目中已记录在案的变更做出综合评审。本过程需要在整个项目期间开展。

（7）**结束项目或阶段**：结束项目、阶段或合同的所有活动。本过程的主要作用：①存档项目或阶段信息，完成计划的工作；②释放组织团队资源以展开新的工作。它仅开展一次或仅在项目或阶段的结束点开展。

1.2.2　项目整合管理过程的输入、工具与技术、输出

项目整合管理过程的输入、工具与技术、输出见表 1-2-1。

表 1-2-1　项目整合管理过程的输入、工具与技术、输出

过程名	输入	工具与技术	输出
制定项目章程	1．立项管理文件 2．协议 3．事业环境因素 4．组织过程资产	1．专家判断 2．数据收集（头脑风暴、焦点小组、访谈） 3．人际关系与团队技能（冲突管理、引导、会议管理） 4．会议	1．项目章程 2．假设日志
制订项目管理计划	1．项目章程 2．其他知识领域规划过程输出 3．事业环境因素 4．组织过程资产	1．专家判断 2．数据收集（头脑风暴、核对单、焦点小组、访谈） 3．人际关系与团队技能（冲突管理、引导、会议管理） 4．会议	项目管理计划
指导与管理项目工作	1．项目管理计划 2．批准的变更请求 3．项目文件 4．事业环境因素 5．组织过程资产	1．专家判断 2．项目管理信息系统 3．会议	1．可交付成果 2．工作绩效数据 3．问题日志 4．变更请求 5．项目管理计划（更新） 6．项目文件（更新） 7．组织过程资产（更新）

过程名	输入	工具与技术	输出
管理项目知识	1. 项目管理计划 2. 项目文件 3. 可交付成果 4. 事业环境因素 5. 组织过程资产	1. 专家判断 2. 知识管理 3. 信息管理 4. 人际关系与团队技能（积极倾听、引导、领导力、人际交往、大局观）	1. 经验教训登记册 2. 项目管理计划（更新） 3. 组织过程资产（更新）
监控项目工作	1. 项目管理计划 2. 项目文件 3. 工作绩效信息 4. 协议 5. 事业环境因素 6. 组织过程资产	1. 专家判断 2.数据分析(备选方案分析、成本效益分析、挣值分析、根本原因分析、趋势分析、偏差分析) 3. 决策 4. 会议	1. 工作绩效报告 2. 变更请求 3. 项目管理计划（更新） 4. 项目文件（更新）
实施整体变更控制	1. 项目管理计划 2. 项目文件 3. 工作绩效报告 4. 变更请求 5. 事业环境因素 6. 组织过程资产	1. 专家判断 2. 变更控制工具 3.数据分析(备选方案分析、成本效益分析) 4. 决策（投票、独裁型决策制定、多标准决策分析） 5. 会议	1. 批准的变更请求 2. 项目管理计划（更新） 3. 项目文件（更新）
结束项目或阶段	1. 项目章程 2. 项目管理计划 3. 项目文件	1. 专家判断 2. 数据分析（文件分析、回归分析、趋势分析、偏差分析） 3. 会议	1. 项目文件（更新） 2. 最终产品、服务或成果 3. 项目最终报告 4. 组织过程资产（更新）

1.2.3　项目章程

　　项目章程是正式批准项目的文件，它的批准标志着项目的正式启动。由于项目章程要正式授权项目经理使用组织的资源开展项目活动，所以，项目经理最好是在制定项目章程之时就确定下来。

　　（1）项目章程的主要内容包括：①项目目的；②可测量的项目目标和相关的成功标准；③高层级需求、高层级项目描述、边界定义以及主要可交付成果；④整体项目风险；⑤总体里程碑进度计划；⑥预先批准的财务资源；⑦关键干系人名单；⑧项目审批要求（例如，评价项目成功的标准，由谁对项目成功下结论，由谁签署项目结束）；⑨项目退出标准（例如，在何种条件下才能关闭或取消项目或阶段）；⑩委派的项目经理及其职责和职权；⑪发起人或其他批准项目章程的人员姓名和职权等。

　　（2）项目章程模板见表 1-2-2。

表 1-2-2　项目章程模板

项目经理：	项目代号：
根据需求情况对项目进行描述，并对项目的可行性、重要性进行技术分析	

项目目标	
总目标	概述项目的总体目标
分目标	列出支持项目总体目标的分目标
项目范围概述	
主要项目范围	
主要可交付成果	
项目总体进度计划	
项目开始时间	
项目结束时间	
主要里程碑	

项目总体预算（现阶段不做要求）

理出项目的总体预算

各职能部门应提供的配合

列出各职能部门应给予项目何种配合

项目审批要求

列出在项目的规划、执行、监控和收尾过程，应该由谁做出哪些审批

项目批准

拟制：项目经理拟制	审核：刘×审核	批准：薛×批准

1.2.4　项目管理计划

项目管理计划一般包括子管理计划（范围管理计划、需求管理计划、进度管理计划、成本管理计划、质量管理计划、资源管理计划、沟通管理计划、风险管理计划、采购管理计划、干系人参与计划）、基准（范围基准、进度基准和成本基准）和其他组件（变更管理计划、配置管理计划、绩效测量基准、项目生命周期、开发方法、管理审查）。

1.2.5　变更请求

变更请求是关于修改任何文档、可交付成果或基准的正式提议，可能包括以下措施：

（1）纠正措施：为使项目工作绩效重新与项目管理计划一致而进行的有目的的活动。

（2）预防措施：为确保项目工作的未来绩效符合项目管理计划而进行的有目的的活动。

（3）缺陷补救：为了修正不一致的产品或产品组件而进行的有目的的活动。

（4）更新：对正式受控的项目文件或计划等进行的变更，以反映修改或增加的意见或内容。

1.2.6　批准的变更请求

批准的变更请求是实施整体变更控制过程的输出，包括那些经变更控制委员会审查和批准的变更请求。批准的变更请求可能是纠正措施、预防措施或缺陷补救。项目经理、变更控制委员会或指定的团队成员应根据变更控制系统处理变更请求。批准的变更请求应通过指导与管理项目工作过程加以实施。

1.2.7　问题日志

问题日志是一种记录和跟进所有问题的项目文件，所需记录和跟进的内容主要包括：①问题类型；②问题提出者和提出时间；③问题描述；④问题优先级；⑤解决问题负责人；⑥目标解决日期；⑦问题状态；⑧最终解决情况等。可以帮助项目经理有效跟进和管理问题，确保它们得到调查和解决。

1.2.8　工作绩效数据

工作绩效数据是在执行项目工作的过程中，从每个正在执行的活动中收集到的原始观察结果和测量值。数据是指最底层的细节，将由其他过程从中提炼出项目信息。在工作执行过程中收集数据，再交由各控制过程做进一步分析。工作绩效数据包括已完成的工作、关键绩效指标（KPI）、技术绩效测量结果、进度活动的实际开始日期和完成日期、已完成的故事点、可交付成果状态、进度进展情况、变更请求的数量、缺陷的数量、实际发生的成本、实际持续时间等。

1.2.9　工作绩效信息

工作绩效信息是从各控制过程中收集并结合相关背景和跨领域关系进行整合分析而得到的绩效数据。这样，工作绩效数据就转化为工作绩效信息。绩效信息可包括可交付成果的状态、变更请求的落实情况及预测的完工尚需估算。

1.2.10　工作绩效报告

工作绩效报告是为制订决策、采取行动或引起关注而汇编工作绩效信息所形成的实物或电子项目文件。工作绩效报告包含一系列的项目文件，旨在引起关注，并制订决策或采取行动。可以在项目开始时就规定具体的项目绩效指标，并在正常工作绩效报告中向关键干系人报告这些指标的落实情况。工作绩效报告包括状况报告、备忘录、论证报告、信息札记、推荐意见和情况更新。

工作绩效报告模板见表 1-2-3。

表 1-2-3　工作绩效报告模板

	评价组机构职位	姓名	职务/职称	所属单位/处室
（一）部门预算绩效评价工作组机构及有关专家等人员构成	组长	李××	电教中心主任	电教中心
	副组长	李××	办公室主任	办公室
	组员	李××	电教中心人员	电教中心
	组员	傅××	办公室财务	办公室
	组员	张×	办公室财务	办公室
（二）绩效自评的目的	通过绩效评价，评价整体财政支出预算资金安排的科学性、合理性和资金使用的合规合法性及其成效，及时总结管理经验，完善内部管理办法，提高部门管理水平和资金的使用效益，并为确定以后年度的支出预算提供依据			
（三）自评组织过程	1.前期准备情况	1.成立由省委省机关工委领导为组长的机关财政支出绩效自评领导小组，负责绩效自评的领导管理工作。 2.领导小组下设办公室，负责财政支出绩效自评工作的具体组织、协调工作。 3.商谈会计师事务所现场指导财政支出绩效自评具体工作		
	2.组织实施情况	1.由相关业务处室负责，实施前期调研工作，充分了解评价资金的有关情况。 2.由相关业务处室负责，收集查阅与评价项目有关的政策及相关资料。 3.由相关业务处室负责，根据了解到的情况和收集到的资料，并结合实际情况，制订符合实际的评价指标体系和自评方案。 4.实施评价： （1）业务处室人员在财务人员的全力配合下，根据自评方案对所掌握的有关资料进行分类、整理和分析。 （2）根据部门预期绩效目标设定的情况，审查有关对应的业务资料。根据部门预算安排情况，审查有关对应的收支财务资料。 （3）根据业务资料、财务资料，按照自评方案对履职效益或质量做出评判。 （4）对照评价指标体系与标准，通过分析相关评价资料，对部门整体绩效情况进行综合性评判并利用算术平均法计算打分。 （5）形成评价结论并撰写自评报告		
报告填写人	傅××	评价工作负责人		李××

1.2.11　最终产品、服务或成果移交

正式验收与移交授权项目提交的最终产品、服务或成果。验收包括收到正式说明书，说明已经满足了合同条款的要求（在阶段收尾时，则是移交该阶段所产出的中间产品、服务或成果）。

1.2.12　项目最终报告

项目最终报告总结项目绩效，其中可包含如下内容：

（1）项目或阶段的概述。

（2）范围目标、范围的评估标准，证明达到完工标准的证据。

（3）质量目标、项目和产品质量的评估标准、相关核实信息和实际里程碑交付日期以及偏差原因。

（4）成本目标包括可接受的成本区间、实际成本，产生任何偏差的原因等。

（5）最终产品、服务或成果的确认信息的总结。

（6）进度计划目标包括成果是否实现项目预期效益：如果在项目结束时未能实现效益，则指出效益实现程度并预计未来实现情况。

（7）关于最终产品、服务或成果如何满足业务需求的概述：如果项目结束时未能满足业务需求，则指出需求满足程度并预计业务需求何时能得到满足。

（8）关于项目过程中发生的风险或问题及其解决情况的概述等。

1.3　项目范围管理论文重要知识点

1.3.1　项目范围管理的内容

项目范围管理包括确保项目做且只做所需的全部工作，以成功完成项目。项目范围管理主要在于定义和控制哪些工作应该包括在项目内，哪些不应该包含在项目内。

项目范围管理包括六个过程。

（1）**规划范围管理**：为了记录如何定义、确认和控制项目范围及产品范围，创建范围管理计划。本过程的主要作用是在整个项目期间对如何管理范围提供指南和方向。本过程仅开展一次或仅在项目的预定义点开展。

（2）**收集需求**：为了实现项目目标，确定、记录并管理干系人的需要和需求。本过程的主要作用是为定义产品范围和项目范围奠定基础。本过程仅开展一次或仅在项目的预定义点开展。

（3）**定义范围**：制定项目和产品详细描述。本过程的主要作用是描述产品、服务或成果的边界和验收标准。本过程需要在整个项目期间多次反复开展。

（4）**创建 WBS**：将项目可交付成果和项目工作分解为较小的、更易于管理的组件。本过程的主要作用是为所要交付的内容提供架构。它仅开展一次或仅在项目的预定义点开展。

（5）**确认范围**：正式验收已完成的项目可交付成果。本过程的主要作用：①使验收过程具有客观性；②通过确认每个可交付成果来提高最终产品、服务或成果获得验收的可能性。确认范围过程应根据需要在整个项目期间定期开展。

（6）**控制范围**：监督项目和产品的范围状态，管理范围基准的变更。在项目实际进展中，以上各过程会相互交叠和相互作用。本过程的主要作用是在整个项目期间保持对范围基准的维护。本过程需要在整个项目期间开展。

1.3.2 项目范围管理过程的输入、工具与技术、输出

项目范围管理过程的输入、工具与技术、输出见表 1-3-1。

表 1-3-1 项目范围管理过程的输入、工具与技术、输出

过程	输入	工具与技术	输出
规划范围管理	1. 项目管理计划 2. 项目章程 3. 事业环境因素 4. 组织过程资产	1. 专家判断 2. 数据分析（备选方案分析） 3. 会议	1. 范围管理计划 2. 需求管理计划
收集需求	1. 立项管理文件 2. 项目章程 3. 项目管理计划 4. 项目文件 5. 协议 6. 事业环境因素 7. 组织过程资产	1. 专家判断 2. 数据收集（头脑风暴、访谈、焦点小组、问卷调查、标杆对照） 3. 数据分析（文件分析） 4. 决策（投票、独裁型决策制定、多标准决策分析） 5. 数据表现（亲和图、思维导图） 6. 人际关系与团队技能（名义小组技术、观察和交谈、引导） 7. 系统交互图 8. 原型法	1. 需求文件 2. 需求跟踪矩阵
定义范围	1. 项目章程 2. 项目管理计划 3. 项目文件 4. 事业环境因素 5. 组织过程资产	1. 专家判断 2. 数据分析（备选方案分析） 3. 决策（多标准决策分析） 4. 人际关系与团队技能（引导） 5. 产品分析	1. 项目范围说明书 2. 项目文件
创建 WBS	1. 项目管理计划 2. 项目文件 3. 事业环境因素 4. 组织过程资产	1. 分解 2. 专家判断	1. 范围基准 2. 项目文件（更新）
确认范围	1. 项目管理计划 2. 项目文件 3. 核实的可交付成果 4. 工作绩效数据	1. 检查 2. 决策（投票）	1. 验收的可交付成果 2. 变更请求 3. 工作绩效信息 4. 项目文件（更新）
控制范围	1. 项目管理计划 2. 项目文件 3. 工作绩效数据 4. 组织过程资产	数据分析（偏差分析、趋势分析）	1. 工作绩效信息 2. 变更请求 3. 项目管理计划（更新） 4. 项目文件

1.3.3　范围管理计划

范围管理计划是项目管理计划的组成部分，描述将如何定义、制订、监督、控制和确认项目范围。可以是正式的或非正式的，非常详细的或高度概括的。用于指导如下过程和相关工作：①制订项目范围说明书；②根据详细项目范围说明书创建 WBS；③确定如何审批和维护范围基准；④正式验收已完成的项目可交付成果。

1.3.4　需求管理计划

需求管理计划：是项目管理计划的组成部分，描述如何分析、记录和管理需求。主要内容包括：①如何规划、跟踪和报告各种需求活动；②配置管理活动；③需求优先级排序过程；④测量指标及使用这些指标的理由；⑤反映哪些需求属性将被列入跟踪矩阵等。

1.3.5　需求文件

需求文件描述各种单一的需求将如何满足与项目相关的业务需求。其内容包括（但不限于以下几个方面）：业务需求、干系人需求、解决方案需求、过渡和就绪需求、项目需求、质量需求。

需求文件模板见表 1-3-2。

表 1-3-2　需求文件模板

一、客户基本信息			
公司名称（全称）			
地址			
接洽人信息	姓名：	职位：	联系电话：
公司主营项目			
公司其他重要资质			
二、需求信息			
界面要求			
功能要求			
互动功能			
其他特殊需求			
补充说明			

1.3.6　需求跟踪矩阵

需求跟踪矩阵是把产品需求从其来源连接到能满足需求的可交付成果的一种表格。内容包括：①业务需要、机会、目的和目标；②项目目标；③项目范围 / WBS 可交付成果；④产品设计；⑤产品开发；⑥测试策略和测试场景；⑦高层级需求到详细需求。需求跟踪矩阵示例见表 1-3-3。

表 1-3-3　需求跟踪矩阵示例

需求跟踪矩阵									
项目名称									
成本中心									
项目描述									
标识	关联标识	需求描述	业务需求、机会、目的和目标	项目目标	WBS 可交付成果	需求描述	产品设计	产品开发	测试案例
001	1.0								
	1.1								
	1.2								
	1.2.1								
002	2.0								
	2.1								
	2.1.1								
003	3.0								
	3.1								
	3.2								
004	4.0								
...									

1.3.7　项目范围说明书

项目范围说明书是对项目范围、主要可交付成果、假设条件和制约因素的描述。记录了整个范围，包括项目范围和产品范围，详细描述项目的可交付成果，代表项目干系人之间就项目范围所达成的共识。为便于管理干系人的期望，项目范围说明书可明确指出哪些工作不属于本项目范围。项目范围说明书帮助项目团队进行更详细的规划，在执行过程中指导项目团队工作，并为评价变更请求或额外工作是否超过项目边界提供基准。

项目范围说明书描述要做的和不要做的工作的详细程度，决定着项目管理团队控制整个项目范围的有效程度。

项目范围说明书的内容包括：产品范围描述、验收标准、可交付成果、项目的除外责任。

1.3.8 范围基准

范围基准是经过批准的项目范围说明书、WBS 和相应的 WBS 词典。只有通过正式变更控制程序才能进行变更基准，它被用作比较的基础，是范围确认和范围控制的依据。它包括：①项目范围说明书：项目范围说明书是对项目范围、主要可交付成果、假设条件和制约因素的描述；②WBS：WBS 是对项目团队为实现项目目标、创建所需可交付成果而需要实施的全部工作范围的层级分解；③WBS 词典：WBS 词典是针对每个 WBS 组件，详细描述可交付成果、活动和进度信息的文件，WBS 词典对 WBS 提供支持。WBS 词典中的内容一般包括：账户编码标识、工作描述、假设条件和制约因素、负责的组织、进度里程碑、相关的进度活动、所需资源、成本估算、质量要求、验收标准、技术参考文献、协议信息等。

WBS 树形结构分解图如图 1-3-1 所示。

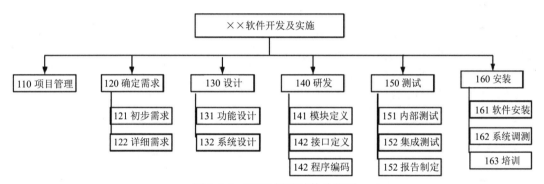

图 1-3-1　WBS 树形结构分解图

WBS 分解表见表 1-3-4。

表 1-3-4　WBS 分解表

WBS 编码	工作任务	工期	负责人
1	硬件采购	2 个月	何×
2	第三方软件采购	2 个月	邓×
3	系统功能确定	5 个月	张×
3.1	设备管理	1 个月	阳×
3.2	维护管理	1 个月	刘×
3.3	工单管理	1 个月	谢×
3.3.1	模块设计	5 天	段×
3.3.2	代码编制	5 天	王×

WBS 编码	工作任务	工期	负责人
3.3.3	单元测试	10 天	刘×
3.3.4	功能测试	5 天	汪×
3.3.5	验证测试	5 天	钱×
3.4	采购管理	1 个月	赵×
3.5	库存管理	1 个月	曲×
4	系统接口	1 个月	吴×
5	现场实施	1 个月	张×

1.3.9 范围确认的一般步骤

范围确认的一般步骤：

（1）确定需要进行确认范围的时间。

（2）识别确认范围需要哪些投入。

（3）确定范围正式被接受的标准和要素。

（4）确定确认范围会议的组织步骤。

（5）组织确认范围会议。

1.4 项目进度管理论文重要知识点

1.4.1 项目进度管理的内容

项目进度管理是为了保证项目按时完成，对项目所需的各个过程进行管理，包括规划进度、定义活动、排列活动顺序、估算活动持续时间、制订项目进度计划和控制进度。小型项目中，定义活动、排列活动顺序、估算活动持续时间及制定进度模型形成进度计划等过程的联系非常密切，可以视为一个过程，可以由一个人在较短时间内完成。

项目进度管理包括六个管理过程。

（1）**规划进度管理**：为了规划、编制、管理、执行和控制项目进度，制定政策、程序和文档。本过程的主要作用是为如何在整个项目期间管理项目进度提供指南和方向。本过程仅开展一次或仅在项目的预定义点开展。

（2）**定义活动**：识别和记录为完成项目可交付成果而需采取的具体活动。本过程的主要作用是将工作包分解为进度活动，作为对项目工作进行进度估算、规划、执行、监督和控制的基础。本过程需要在整个项目期间开展。

（3）**排列活动顺序**：识别和记录项目活动之间的关系。本过程的主要作用是定义工作之间的逻辑顺序，以便在既定的所有项目制约因素下获得最高的效率。本过程需要在整个项目期间开展。

（4）**估算活动持续时间**：根据资源估算的结果，估算完成单项活动所需工作时段数。本过程的主要作用是确定完成每个活动所需花费的时间量。本过程需要在整个项目期间开展。

（5）**制订进度计划**：分析活动顺序、持续时间、资源需求和进度制约因素，创建项目进度模型，落实项目执行和监控情况。本过程的主要作用是为完成项目活动而制订具有计划日期的进度模型。本过程需要在整个项目期间开展。

（6）**控制进度**：监督项目状态，以更新项目进度和管理进度基准的变更。本过程的主要作用是在整个项目期间保持对进度基准的维护。本过程在整个项目期间开展。

1.4.2　项目进度管理过程的输入、工具与技术、输出

项目进度管理过程的输入、工具与技术、输出见表 1-4-1。

表 1-4-1　项目进度管理过程的输入、工具与技术、输出

过程名	输入	工具与技术	输出
规划进度管理	1．项目章程 2．项目管理计划 3．事业环境因素 4．组织过程资产	1．专家判断 2．数据分析（备选方案分析） 3．会议	项目进度管理计划
定义活动	1．项目管理计划 2．事业环境因素 3．组织过程资产	1．分解 2．专家判断 3．滚动式规划 4．会议	1．活动清单 2．活动属性 3．里程碑清单 4．变更请求 5．项目管理计划（更新）
排列活动顺序	1．项目管理计划 2．项目文件 3．事业环境因素 4．组织过程资产	1．紧前关系绘图法 2．箭线图法 3．提前量与滞后量 4．确定和整合依赖关系 5．项目管理信息系统	1．项目进度网络图 2．项目文件（更新）
估算活动持续时间	1．项目管理计划 2．项目文件 3．事业环境因素 4．组织过程资产	1．专家判断 2．类别估算 3．参数估算 4．三点估算 5．自下而上估算 6．数据分析（备选方案分析、储备分析） 7．决策 8．会议	1．项目持续时间估算 2．估算依据 3．项目文件（更新）
制订进度计划	1．项目管理计划 2．项目文件 3．协议 4．事业环境因素 5．组织过程资产	1．进度网络分析 2．关键路径法 3．资源优化 4．数据分析（假设情景分析、模拟） 5．提前量与滞后量	1．进度基准 2．项目进度计划 3．进度数据 4．项目日历 5．变更请求

续表

过程名	输入	工具与技术	输出
		6. 进度压缩 7. 计划评审技术 8. 项目管理信息系统 9. 敏捷或适应型发布规划	6. 项目管理计划（更新） 7. 项目文件（更新）
控制进度	1. 项目管理计划 2. 项目文件 3. 工作绩效数据 4. 组织过程资产	1. 数据分析（挣值分析、迭代燃尽图、绩效审查、趋势分析、偏差分析、假设情景分析） 2. 关键路径法 3. 项目管理信息系统 4. 资源优化 5. 提前量与滞后量 6. 进度压缩	1. 工作绩效信息 2. 进度预测 3. 变更请求 4. 项目管理计划（更新） 5. 项目文件（更新）

1.4.3 项目进度管理计划

项目进度管理计划是项目管理计划的组成部分，为编制、监督和控制项目进度建立准则和明确活动。根据项目需要，进度管理计划可以是正式的或非正式的，非常详细的或高度概括的。其主要内容包括以下几个方面：①项目进度模型；②进度计划的发布和迭代长度；③准确度；④计量单位；⑤工作分解结构（WBS）；⑥项目进度模型维护；⑦控制临界值；⑧绩效测量规则；⑨报告格式。

1.4.4 活动清单

活动清单包含项目所需的进展活动。对于使用滚动式规划或敏捷技术的项目，活动清单会在项目进展过程中得到定期更新。其内容包括每个活动的标识及工作范围详述，使项目团队成员知道需要完成什么工作，如图 1-4-1 所示。

图 1-4-1 活动与工作包的对应关系

1.4.5　活动属性

活动属性是指每项活动所具有的多重属性，用来扩充对活动的描述，活动属性随着项目进展情况演进并更新。在活动属性编制完成时，可能还包括活动编码、活动描述、紧前活动、紧后活动、逻辑关系、提前量与滞后量、资源需求、强制日期、制约因素和假设条件。

1.4.6　里程碑清单

里程碑是项目中的重要时点或事件，里程碑清单列出了项目所有的里程碑，并明确每个里程碑是强制性的还是选择性的。里程碑的持续时间为零，里程碑既不消耗资源也不花费成本，通常是指一个主要可交付成果的完成。

1.4.7　项目进度网络图

项目进度网络图是表示项目活动之间的逻辑关系（也叫依赖关系）的图形，前导图法和箭线图法是绘制项目进度网络图的两种不同方法。进度网络图可包括项目的全部细节，也可只列出一项或多项概括性的活动。项目进度网络图应附有简要文字描述，说明活动排序所使用的基本方法。在文字描述中，还应该对任何异常的活动序列做详细说明。

（1）前导图法。前导图法也称紧前关系绘图法，是用于编制项目进度网络图的一种方法，它使用方框或者长方形（被称作节点）代表活动，节点之间用箭头连接，以显示节点之间的逻辑关系。这种网络图也被称作单代号网络图（只有节点需要编号）或活动节点图（AON），具体如图 1-4-2 所示。

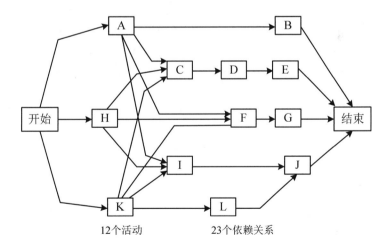

图 1-4-2　前导图

前导图法包括活动之间存在的四种类型的依赖关系。

1）结束-开始的关系（F-S 型）。前序活动结束后，后续活动才能开始。结束-开始的关系如图 1-4-3 所示。

2）结束-结束的关系（F-F 型）。前序活动结束后，后续活动才能结束。结束-结束的关系如图 1-4-4 所示。

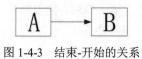

图 1-4-3　结束-开始的关系

图 1-4-4　结束-结束的关系

3）开始-开始的关系（S-S 型）。前序活动开始后，后续活动才能开始。开始-开始的关系如图 1-4-5 所示。

4）开始-结束的关系（S-F 型）。前序活动开始后，后续活动才能结束。开始-结束的关系如图 1-4-6 所示。

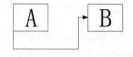

图 1-4-5　开始-开始的关系

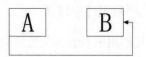

图 1-4-6　开始-结束的关系

在前导图法中，每项活动有唯一的活动号，每项活动都注明了预计工期（活动的持续时间）。通常，每个节点的活动会有如下几个时间：

1）最早开始时间（ES）。某项活动能够开始的最早时间。

2）最早结束时间（EF）。某项活动能够完成的最早时间。EF=ES+工期。

3）最迟结束时间（LF）。为了使项目按时完成，某项活动必须完成的最迟时间。

4）最迟开始时间（LS）。为了使项目按时完成，某项活动必须开始的最迟时间。LS=LF-工期。

（2）箭线图法。箭线图法是用箭线表示活动，节点表示事件的一种网络图绘制方法，这种网络图也称为双代号网络图（节点和箭线都要编号）或活动箭线图（AOA），具体如图 1-4-7 所示。

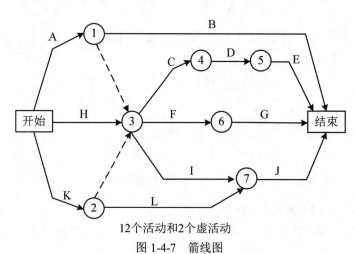

12个活动和2个虚活动

图 1-4-7　箭线图

在箭线图法中，活动的开始（箭尾）事件称为该活动的紧前事件，活动的结束（箭头）事件称为该活动的紧后事件。在箭线图法中，有如下三个基本原则：

1）网络图中每一活动和每一事件都必须有唯一的代号，即网络图中不会有相同的代号。

2）任两项活动的紧前事件和紧后事件代号至少有一个不相同，节点代号沿箭线方向越来越大。

3）流入同一节点的活动，均有共同的紧后活动；流出同一节点的活动，均有共同的紧前活动。

1.4.8　活动持续时间估算

活动持续时间估算是对完成某项活动、阶段或项目所需的工作时段数的定量评估。持续时间估算不包括任何滞后量。在活动持续时间估算中，可以指出一定的变动区间。

1.4.9　进度基准

进度基准是经过批准的项目进度计划，只有通过正式的变更控制程序才能进行变更，用作与实际结果进行比较的依据。它被相关干系人接受和批准，其中包含基准开始日期和基准结束日期。在监控过程中，将用实际开始和结束日期与批准的基准日期进行比较，以确定是否存在偏差。进度基准是项目管理计划的组成部分。

1.4.10　项目进度计划

项目进度计划是进度模型的输出，展示活动之间的相互关联，以及计划日期、持续时间、里程碑和所需资源。项目进度计划中至少要包括每个活动的计划开始日期与计划结束日期。虽然项目进度计划可用列表形式，但图形方式更常见。可以采用以下一种或多种图形来呈现。

（1）横道图。横道图也称为"甘特图"，是展示进度信息的一种图表方式。在横道图中，纵向列示活动，横向列示日期，用横条表示活动自开始日期至完成日期的持续时间。横道图相对易读，比较常用。图 1-4-8 是一个横道图示例。

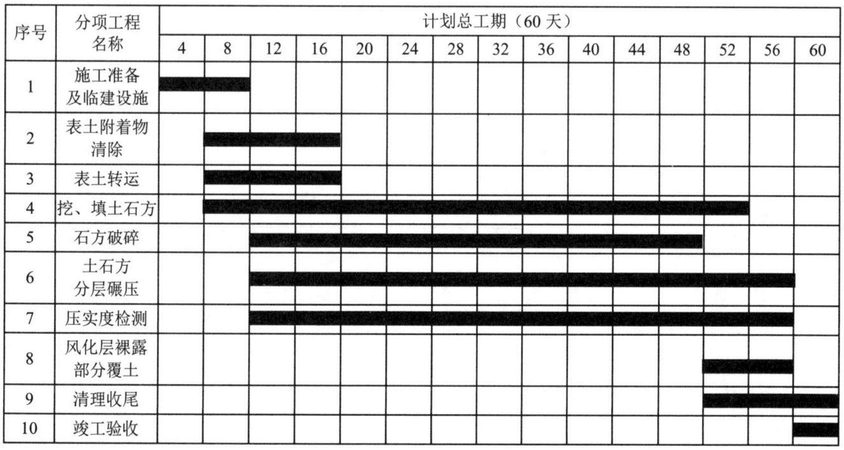

图 1-4-8　横道图示例

（2）里程碑图。里程碑图与横道图类似，但仅标示出主要可交付成果和关键外部接口的计划开始或完成日期，如图 1-4-9 所示。

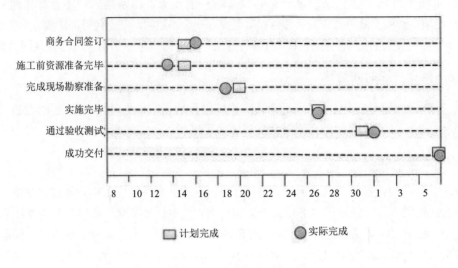

图 1-4-9　里程碑图

（3）项目进度网络图。项目进度网络图通常用活动节点法绘制，没有时间刻度，纯粹显示活动及其相互关系。项目进度网络图也可以是包含时间刻度的进度网络图，称为"时标图"，如图 1-4-10 所示。

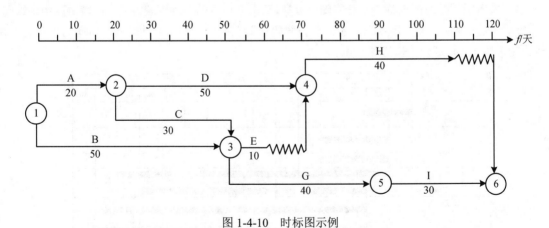

图 1-4-10　时标图示例

1.4.11　项目日历

在项目日历中规定可以开展活动的工作日和工作班次。它把可用于开展活动的时间段（按天或更小的时间单位）与不可用的时间段区分开来。在一个进度模型中，可能需要采用不止一个项目日历来编制项目进度计划，因为有些活动需要不同的工作时段。

1.5　项目成本管理论文重要知识点

1.5.1　成本管理过程

项目成本管理包含为使项目在批准的预算内完成而对成本进行规划、估算、预算、融资、筹资、管理和控制的各个过程。项目成本管理重点关注完成项目活动所需资源的成本，但同时也考虑项目决策对项目产品、服务或成果的使用成本、维护成本和支持成本的影响。

项目成本管理包括四个管理过程。

（1）**规划成本管理**：确定如何估算、预算、管理、监督和控制项目成本。本过程的主要作用是在整个项目期间为如何管理项目成本提供指南和方向。

（2）**估算成本**：对完成项目活动所需货币资源进行近似估算。本过程的主要作用是确定项目所需的资金。本过程应根据需要在整个项目期间定期开展。

（3）**制订预算**：汇总所有单个活动或工作包的估算成本，建立一个经批准的成本基准。本过程的主要作用是确定可以依据其来进行监督和控制项目绩效的成本基准。

（4）**控制成本**：监督项目状态，以更新项目成本和管理成本基准的变更。本过程的主要作用是在整个项目期间保持对成本基准的维护。本过程需要在整个项目期间开展。

1.5.2　成本管理过程的输入、工具与技术、输出

成本管理过程的输入、工具与技术、输出具体见表 1-5-1。

表 1-5-1　成本管理过程的输入、工具与技术、输出

过程名	输入	工具与技术	输出
规划成本管理	1. 项目管理计划 2. 项目章程 3. 事业环境因素 4. 组织过程资产	1. 专家判断 2. 数据分析（备选方案分析） 3. 会议	成本管理计划
估算成本	1. 项目管理计划 2. 项目文件 3. 事业环境因素 4. 组织过程资产	1. 专家判断 2. 类比估算 3. 参数估算 4. 自下而上估算 5. 三点估算	1. 成本估算 2. 估算依据 3. 项目文件（更新）

续表

过程名	输入	工具与技术	输出
		6. 数据分析（备选方案分析、储备分析、质量成本） 7. 项目管理信息系统 8. 决策（投票）	
制订预算	1. 项目管理计划 2. 可行性研究文件 3. 项目文件 4. 协议 5. 事业环境因素 6. 组织过程资产	1. 专家判断 2. 成本汇总 3. 数据分析（储备分析） 4. 历史信息审核 5. 资金限制平衡 6. 融资	1. 成本基准 2. 项目资金需求 3. 项目文件（更新）
控制成本	1. 项目管理计划 2. 项目资金需求 3. 项目文件 4. 工作绩效数据 5. 组织过程资产	1. 专家判断 2. 数据分析（挣值分析、偏差分析、趋势分析、储备分析） 3. 完工尚需绩效指数 4. 项目管理信息系统	1. 工作绩效信息 2. 成本预测 3. 变更请求 4. 项目文件（更新） 5. 项目管理计划（更新）

1.5.3 成本管理计划

成本管理计划是项目管理计划的组成部分，描述将如何规划、安排和控制项目成本。在成本管理计划中一般需要规定：计量单位；精确度；准确度；组织程序链接；控制临界值；绩效测量规则；报告格式；其他细节。

1.5.4 成本基准

成本基准是经过批准的、按时间段分配的项目预算，不包括任何管理储备，只有通过正式的变更控制程序才能变更，用作与实际结果进行比较的依据，项目预算=成本基准+管理储备。成本预算表模板见表 1-5-2。

表 1-5-2　成本预算表模板

序号		项目	费用
设备	1	服务器	23000 元
软件	2	操作系统软件	5000 元
	3	数据库软件	15000 元
	4	防病毒软件	300 元
网站功能开发	5	项目人员费用	20000 元
	6	应用系统开发费用	50000 元

序号		项目	费用
网站推广	7	网上推广	10000 元
	8	网下推广	20000 元
网站运营/维护	9	人员费用	50000 元/年
	10	主机托管/网站维护	7000 元/年
	11	国内域名/国际域名	600 元/年
合计		首年费用合计	143300 元
		每年运营/维护费用	57600 元

共计：200900 元

1.5.5　项目资金需求

根据成本基准，确定总资金需求和阶段性（如季度或年度）资金需求。成本基准中既包括预计的支出，也包括预计的债务。项目资金通常以增量而非连续的方式投入，并且可能是非均衡的，呈现出阶梯状。如果有管理储备，则总资金需求等于成本基准加管理储备。在资金需求文件中，也可说明资金来源。

1.6　项目质量管理论文重要知识点

1.6.1　质量管理过程

项目质量管理包括把组织的质量政策应用于规划、管理、控制项目和产品质量要求，以满足干系人目标的各个过程。此外，项目质量管理以执行组织的名义支持过程的持续改进活动。项目质量管理需要兼顾项目管理与项目可交付成果两个方面，它适用于所有项目，无论项目的可交付成果具有何种特性。

项目质量管理包括三个管理过程。

（1）**规划质量管理**：识别项目及其可交付成果的质量要求、标准，并书面描述项目符合质量要求、标准的证明。本过程的主要作用是为在整个项目期间如何管理和核实质量提供指南和方向。质量规划应与其他知识领域规划过程并行开展。

（2）**管理质量**：把组织的质量政策用于项目，并将质量管理计划转化为可执行的质量活动。本过程的主要作用：①提高实现质量目标的可能性；②识别无效过程和导致质量低劣的原因。使用控制质量过程的数据和结果向干系人展示项目的总体质量状态。管理质量过程需要在整个项目期间开展。

（3）**控制质量**：为了评估绩效，监督和记录质量管理活动的执行结果，确保项目输出完整、正确，且满足客户期望。本过程的主要作用：①核实项目可交付成果和工作已经达到主要干系人的质量要求，可供最终验收；②确定项目输出是否达到预期目的，这些输出需要满足所有适用标准、要求、法规和规范。控制质量过程需要在整个项目期间开展。

1.6.2 质量管理过程的输入、工具与技术、输出

质量管理过程的输入、工具与技术、输出具体见表 1-6-1。

表 1-6-1 质量管理过程的输入、工具与技术、输出

过程名	输入	工具与技术	输出
规划质量管理	1. 项目章程 2. 项目管理计划 3. 项目文件 4. 事业环境因素 5. 组织过程资产	1. 专家判断 2. 数据收集（标杆对照、头脑风暴、访谈） 3. 数据分析（成本效益分析、质量成本） 4. 决策技术（多标准决策分析） 5. 数据表现（流程图、逻辑数据模型、矩阵图、思维导图） 6. 测试与检查的规划 7. 会议	1. 质量管理计划 2. 质量测量指标 3. 项目管理计划（更新） 4. 项目文件（更新）
管理质量	1. 项目管理计划 2. 项目文件 3. 组织过程资产	1. 数据收集（核对单） 2. 数据分析（备选方案分析、文件分析、过程分析、根本原因分析） 3. 决策技术（多标准决策分析） 4. 数据表现（亲和图、因果图、流程图、直方图、矩阵图、散点图） 5. 审计 6. 面向 X 的设计 7. 问题解决 8. 质量改进方法	1. 质量报告 2. 测试与评估文件 3. 变更请求 4. 项目管理计划（更新） 5. 项目文件（更新）
控制质量	1. 项目管理计划 2. 项目文件 3. 可交付成果 4. 工作绩效数据 5. 批准的变更请求 6. 事业环境因素 7. 组织过程资产	1. 数据收集（核对单、核查表、统计抽样、问卷调查） 2. 数据分析（绩效审查、根本原因分析） 3. 检查 4. 测试/产品评估 5. 数据表现（因果图、控制图、直方图、散点图） 6. 会议	1. 工作绩效信息 2. 质量控制测量结果 3. 核实的可交付成果 4. 变更请求 5. 项目管理计划（更新） 6. 项目文件（更新）

1.6.3 质量管理计划

质量管理计划描述如何实施适用的政策、程序和指南以实现质量目标。它描述了项目管理团队为实现一系列项目质量目标所需的活动和资源。可以是正式的或非正式的，非常详细的或高度概括的。内容一般包括：①项目采用的质量标准；②项目的质量目标；③质量角色与职责；④需

要质量审查的项目可交付成果和过程；⑤为项目规划的质量控制和质量管理活动；⑥项目使用的质量工具；⑦与项目有关的主要程序，例如处理不符合要求的情况、纠正措施程序以及持续改进程序等。

1.6.4　质量测量指标

质量测量指标专用于描述项目或产品属性，以及控制质量过程将如何验证符合程度。质量测量指标的例子包括按时完成的任务的百分比、以 CPI 测量的成本绩效、故障率、识别的日缺陷数量、每月总停机时间、每个代码行的错误、客户满意度分数，以及测试计划所涵盖的需求百分比（即测试覆盖度）。其示意见表 1-6-2。

表 1-6-2　质量测量指标示意

工作大项	考核指标	比重
编制产品质量检验规程	及时编制质量检验规程	
	产品质量检验规程得到 100% 的贯彻实施	
质量检验与监控	原材料进厂合格率达到 100%	
	产品出厂合格率达 99%	
	客户满意度评价达到 96 分以上	
	合理化建议被采纳的数量	
质量分析与改进	质量改进措施提出的及时、有效性	
	质量问题有效解决率达到 98%	

1.6.5　核对单

核对单是一种结构化工具，通常列出特定组成部分，用来核实所要求的一系列步骤是否已得到执行或检查需求列表是否已得到满足。质量核对单应该涵盖在范围基准中定义的验收标准。核对单示例见表 1-6-3。

表 1-6-3　核对单示例

质量审核	1. 批生产记录	①记录齐全、书写正确、数据完整，有操作人、复核人签名	是□/否□
		②清场记录及清场合格证是否有 QA 签字	是□/否□
		③中间产品是否按规定取样、检验，检验结果是否符合标准	是□/否□
	2. 批包装记录审核	①记录齐全、书写正确、数据完整，有操作人、复核人签名	是□/否□
		②清场记录及清场合格证是否有 QA 签字	是□/否□
		③所用说明书、标签、合格证均正确，打印批号及有效期正确	是□/否□
	3. 物料平衡	①物料平衡计算公式正确	是□/否□
		②各工序物料平衡结果符合标准	是□/否□

	4. 监控记录及取样记录审核	①记录齐全、书写正确、数据完整，有监控人签名	是□/否□
质量审核		②监控项目齐全，结果符合规定，取样单及取样数量正确	是□/否□
	5. 偏差处理	①生产偏差是否执行偏差处理程序，处理结果是否符合要求	是□/否□
		②检验偏差是否执行 OOS 调查程序，处理结果是否符合要求	是□/否□
	6. 批检验记录及检验报告审核	①记录齐全、书写正确、数据完整，有检验人、复核人签名	是□/否□
		②检验报告单记录及结果应符合内控标准	是□/否□
		③检验报告单有批准人签字及盖有"质量专用章"	是□/否□
	结论	符合规定□ 不符合规定□ 审核人： 日期： 年 月 日	

1.6.6 质量报告

质量报告可能是图形、数据或定性文件，其中包含的信息可帮助其他过程和部门采取纠正措施，以实现项目质量期望。

质量报告的信息可以包含团队上报的质量管理问题，针对过程、项目和产品的改善建议，纠正措施建议（包括返工、缺陷/漏洞补救等），以及在控制质量过程中发现的情况的概述。质量报告示例见表 1-6-4。

表 1-6-4 质量报告示例

编号					
被检测部门		检测部门		检测日期	
检测标准					
检测方式					
主要问题					
意见处理					
审批领导					
备注					
检测人		核查人		报告日期	

1.6.7 因果图

因果图又称"鱼骨图""why-why 分析图"和"石川图"，将问题陈述的原因分解为离散的分支，有助于识别问题的主要原因或根本原因。因果图示例如图 1-6-1 所示。

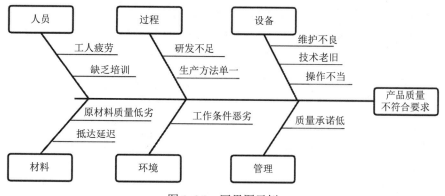

图 1-6-1　因果图示例

1.6.8　审计

审计是用于确定项目活动是否遵循了组织和项目的政策、过程与程序的一种结构化且独立的过程。质量审计可事先安排，也可随机进行；可由内部或外部审计师进行。质量审计目标一般包括：①识别全部正在实施的良好及最佳实践；②识别所有违规做法、差距及不足；③分享所在组织和/或行业中类似项目的良好实践；④积极、主动地提供协助，以改进过程的执行，从而帮助团队提高生产效率；⑤强调每次审计都应对组织经验教训知识库的积累做出贡献等。

1.6.9　核查表

核查表，又称计数表，用于合理排列各种事项，以便有效地收集关于潜在质量问题的有用数据。在开展检查以识别缺陷时，用核查表收集属性数据就特别方便。核查表示例见表 1-6-5。

表 1-6-5　核查表示例

缺陷	日期				合计
	日期 1	日期 2	日期 3	日期 4	
小划痕	1	2	2	2	7
大划痕	0	1	0	0	1
弯曲	3	3	1	2	9
缺少组件	5	0	2	1	8
颜色搭错	2	0	1	3	6

1.6.10　质量成本

质量成本包含以下一种或多种成本，如图 1-6-2 所示。

（1）预防成本：预防特定项目的产品、可交付成果或服务质量低劣所带来的成本。

（2）评估成本：评估、测试、审计和测试特定项目的产品、可交付成果或服务所带来的成本。

（3）失败成本（内部/外部）：因产品、可交付成果或服务与干系人的需求或期望不一致而导致的成本。

一致性成本

预防成本

（打造某种高质量产品）

- 培训
- 文件过程
- 设备
- 完成时间

评估成本

（评估质量）

- 测试
- 破坏性试验损失
- 检查

项目花费资金（**规避失败**）

不一致成本

内部失败成本

（项目中发现的失败）

- 返工
- 报废

外部失败成本

（客户发现的失败）

- 债务
- 保修工作
- 失去业务

项目前后花费的资金（**由于失败**）

图1-6-2　质量成本

1.7　项目资源管理论文重要知识点

1.7.1　资源管理过程

项目资源管理包括识别、获取和管理所需资源以成功完成项目的各个过程，这些过程有助于确保项目经理和项目团队在正确的时间和地点使用正确的资源。

项目资源管理包括六个管理过程。

（1）**规划资源管理**：定义如何估算、获取、管理和利用实物以及团队项目资源。**本过程的主要作用**是根据项目类型和复杂程度确定适用于项目资源的管理方法和管理程度。本过程仅开展一次或仅在项目的预定义点开展。

（2）**估算活动资源**：估算执行项目所需的团队资源，材料、设备和用品的类型和数量。**本过程的主要作用**是明确完成项目所需的资源种类、数量和特性。本过程应根据需要在整个项目期间定期开展。

（3）**获取资源**：获取项目所需的团队成员、设施、设备、材料、用品和其他资源。**本过程的主要作用**：①概述和指导资源的选择；②将选择的资源分配给相应的活动。本过程应根据需要在整个项目期间定期开展。

（4）**建设团队**：提高工作能力，促进团队成员互动，改善团队整体氛围，提高绩效。**本过程的主要作用**是改进团队协作、增强人际关系技能、激励员工、减少摩擦以及提升整体项目绩效。本过程需要在整个项目期间开展。

（5）**管理团队**：跟踪团队成员工作表现，提供反馈，解决问题并管理团队变更，以优化项目绩效。本过程的主要作用是影响团队行为、管理冲突以及解决问题。本过程需要在整个项目期间开展。

（6）**控制资源**：确保按计划为项目分配实物资源，以及根据资源使用计划监督资源实际使用情况，并采取必要纠正措施。**本过程的主要作用**：①确保所分配的资源适时、适地可用于项目；②资源在不再需要时被释放。本过程需要在整个项目期间开展。

1.7.2　资源管理过程的输入、工具与技术、输出

资源管理过程的输入、工具与技术、输出具体见表 1-7-1。

表 1-7-1　资源管理过程的输入、工具与技术、输出

过程名	输入	工具与技术	输出
规划资源管理	1. 项目章程 2. 项目管理计划 3. 项目文件 4. 事业环境因素 5. 组织过程资产	1. 专家判断 2. 数据表现（层级型：工作分解结构、组织分解结构、资源分解结构；矩阵型：责任分配矩阵；文本型） 3. 组织理论 4. 会议	1. 资源管理计划 2. 团队章程 3. 项目文件（更新）
估算活动资源	1. 项目管理计划 2. 项目文件 3. 事业环境因素 4. 组织过程资产	1. 专家判断 2. 自下而上估算 3. 类比估算 4. 参数估算 5. 数据分析（备选方案分析） 6. 项目管理信息系统 7. 会议	1. 资源需求 2. 估算依据 3. 资源分解结构 4. 项目文件（更新）
获取资源	1. 项目管理计划 2. 项目文件 3. 事业环境因素 4. 组织过程资产	1. 决策（多标准决策分析） 2. 人际关系与团队技能（谈判） 3. 预分派 4. 虚拟团队	1. 物质资源分配单 2. 项目团队派工单 3. 资源日历 4. 变更请求 5. 项目管理计划（更新） 6. 项目文件（更新） 7. 事业环境因素（更新） 8. 组织过程资产（更新）

续表

过程名	输入	工具与技术	输出
建设团队	1. 项目管理计划 2. 项目文件 3. 事业环境因素 4. 组织过程资产	1. 集中办公 2. 虚拟团队 3. 沟通技术 4. 人际关系与团队技能（冲突管理、影响力、激励、谈判、团队建设） 5. 认可与奖励 6. 培训 7. 个人和团队评估 8. 会议	1. 团队绩效评价 2. 变更请求 3. 项目管理计划（更新） 4. 项目文件（更新） 5. 事业环境因素（更新） 6. 组织过程资产（更新）
管理团队	1. 项目管理计划 2. 项目文件 3. 工作绩效报告 4. 团队绩效评价 5. 事业环境因素 6. 组织过程资产	1. 项目管理信息系统 2. 人际关系与团队技能（冲突管理、制定决策、情商、影响、领导力）	1. 变更请求 2. 项目管理计划（更新） 3. 项目文件（更新） 4. 事业环境因素（更新）
控制资源	1. 项目管理计划 2. 项目文件 3. 工作绩效数据 4. 协议 5. 组织过程资产	1. 问题解决 2. 数据分析（备选方案分析、成本效益分析、绩效审查、趋势分析） 3. 人际关系与团队技能（谈判、影响力） 4. 项目管理信息系统	1. 工作绩效信息 2. 变更请求 3. 项目管理计划（更新） 4. 项目文件（更新）

1.7.3　资源管理计划

资源管理计划提供了关于如何分类、分配、管理和释放项目资源的指南。资源管理计划可以根据项目的具体情况分为团队管理计划和实物资源管理计划。资源管理计划的内容主要包括：识别资源；获取资源；角色与职责；项目组织图；项目团队资源管理；培训；团队建设；资源控制；认可计划。

1.7.4　角色和职责

可采用多种格式来记录团队成员的角色与职责，如图 1-7-1 所示。大多数格式属层级型、矩阵型和文本型。通常，层级型可用于规定高层级角色，而文本型更适合用于记录详细职责。

图 1-7-1　角色与职责的不同记录格式

1. 层级型

传统的层级型组织结构图就是一种典型的层级结构，可自上而下地显示各种职位及其相互关系。

（1）工作分解结构（WBS）用来显示如何把项目可交付成果分解为工作包，有助于明确高层级的职责。

（2）组织分解结构（OBS）与 WBS 在形式上相似，但是它不是根据项目的可交付成果进行分解，而是按照组织现有的部门、单元或团队排列，并在每个部门下列出其所负责的项目活动或工作包。

（3）资源分解结构（RBS）是按资源类别和类型而划分的资源层级结构，有利于规划和控制项目工作。

2. 矩阵型

责任分配矩阵（RAM）是用来显示分配给每个工作包的项目资源的表格。它显示工作包或活动与项目团队成员之间的关系。它也可确保任何一项任务都只由一个人负责，从而避免职责不清。

RAM 的一个例子是 RACI 矩阵（Responsible、Accountable、Consulted、Informed 代表资源与工作之间的四种关系）。RACI 矩阵示例见表 1-7-2。

表 1-7-2　RACI 矩阵示例

RACI 矩阵	人　员				
活动	薛博士	刘老师	夏老师	余老师	古老师
需求定义	A	R	I	I	I
系统设计	I	A	R	C	C
系统开发	I	A	R	R	C
测试	A	C	I	I	R
R=执行，A=负责，C=咨询，I=知情					

项目经理也可以根据项目需要使用自己定义的责任对应关系（如负责、协助、参与、监督、审核等）来制订适合本项目的责任分配矩阵。

3. 文本型

如果需要详细描述团队成员的职责，就可以采用文本型。文本型文件通常以概述的形式，提供诸如职责、职权、能力和资格等方面的信息。这种文件有多种名称，如职位描述、角色-职责-职权表。

1.7.5　团队章程

团队章程是为团队创建团队价值观、共识和工作指南的文件。

（1）团队章程包括团队价值观、沟通指南、决策标准和过程、冲突处理过程、会议指南和团队共识。

（2）团队章程对项目团队成员的可接受行为确定了明确的期望，尽早认可并遵守明确的规则，有助于减少误解，提高生产力。

（3）由团队制订或参与制订的团队章程可发挥最佳效果，所有项目团队成员都分担责任，确保遵守团队章程中规定的规则。

（4）可定期审查和更新团队章程，确保团队成员始终了解团队基本规则，并指导新成员融入团队。

1.7.6　资源需求

资源需求识别了各个工作包或工作包中每项活动所需的资源类型和数量，可以汇总这些需求，以估算每个工作包、每个 WBS 分支以及整个项目所需的资源。资源需求描述的细节数量与具体程度因应用领域而异，而资源需求文件也可包含为确定所用资源的类型、可用性和所需数量所做的假设。

1.7.7　资源分解结构

资源分解结构是资源依类别和类型的层级展现，如图 1-7-2 所示。资源类别包括（但不限于）人力、材料、设备和用品。资源类型则包括技能水平、要求证书、等级水平或适用于项目的其他类型。

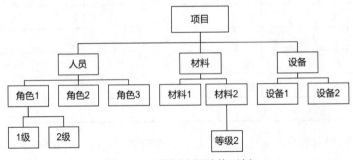

图 1-7-2　资源分解结构示例

1.7.8　项目团队派工单

项目团队派工单记录了团队成员及其在项目中的角色和职责，可包括项目团队名录，还需要把人员姓名插入项目管理计划的其他部分，如项目组织图和进度计划。项目团队派工单示例见表 1-7-3。

1.7.9　物质资源分配单

物质资源分配单记录了项目将使用的材料、设备、用品、地点和其他实物资源。

表 1-7-3　项目团队派工单示例

客户名称		联系人		联系电话	
施工地点		施工员		派工时间	
工作内容					
工作要求					
注意事项					
预计工时		开工时间		实际完工时间	
效果评价					
验收意见				客户签字	

1.7.10　虚拟团队

虚拟团队的使用为招募项目团队成员提供了新的可能性。虚拟团队可定义为具有共同目标，在完成角色任务的过程中很少或没有时间面对面工作的一群人。虚拟团队模式使人们有可能：①在组织内部地处不同地理位置的员工之间组建团队；②为项目团队增加特殊技能，即使相应的专家不在同一地理区域；③将在家办公的员工纳入团队；④在工作班次、工作小时或工作日不同的员工之间组建团队；⑤将行动不便者或残疾人纳入团队；⑥执行那些原本会因差旅费用过高而被搁置或取消的项目；⑦节省员工所需的办公室和所有实物设备的开支等。

在虚拟团队的环境中，沟通规划变得日益重要。可能需要花更多时间来设定明确的期望、促进沟通、制定冲突解决方法、召集人员参与决策、理解文化差异，以及共享成功喜悦。

1.7.11　资源日历

资源日历识别了每种具体资源可用时的工作日、班次、正常营业的上下班时间、周末和公共假期。在规划活动期间，潜在的可用资源信息（如团队资源、设备和材料）用于估算资源可用性。资源日历规定了在项目期间确定的团队和实物资源何时可用和可用多久。这些信息可以在活动或项目层面建立，并考虑了诸如资源经验、技能水平以及不同地理位置等属性。资源日历模板见表 1-7-4。

表 1-7-4　资源日历模板

日期 团队	1 日 星期二	2 日 星期三	3 日 星期四	4 日 星期五	5 日 星期六	6 日 星期日	7 日 星期一	8 日 星期二	9 日 星期三	10 日 星期四	11 日 星期五
主　班											
副　班											
行政班											

日期 团队	12 日 星期六	13 日 星期日	14 日 星期一	15 日 星期二	16 日 星期三	17 日 星期四	18 日 星期五	19 日 星期六	20 日 星期日	21 日 星期一	22 日 星期二
主　班											
副　班											
行政班											

日期 团队	23 日 星期三	24 日 星期四	25 日 星期五	26 日 星期六	27 日 星期日	28 日 星期一	29 日 星期二	30 日 星期三	31 日 星期四
主　班									
副　班									
行政班									

1.7.12　团队绩效评价

项目管理团队应该对项目团队的有效性进行正式的或非正式的评价。有效的团队建设策略和活动可以提高团队绩效，从而提高实现项目目标的可能性。

评价团队有效性的指标可包括以下四方面内容：①个人技能的改进，使成员更有效地完成工作任务；②团队能力的改进，从而使团队成员更好地开展工作；③团队成员离职率的降低；④团队凝聚力的加强，从而使团队成员公开分享信息和经验，并互相帮助来提高项目绩效。

团队绩效评价的模板见表 1-7-5。

表 1-7-5　团队绩效评价模板

类别	项目	评价指标	计量单位	权重/%	月计划	评价标准
经营绩效	利润	公司利润	万元	10		每降 1%扣权重的 5%，最多扣 20%
						每超 1%奖权重的 5%，最多奖 10%
	费用	部门行政四项费用	万元	5		每超 1%扣权重的 5%，最多扣 20%
						每降 1%奖权重的 5%，最多奖 10%
协作	挂钩生产	挂钩生产单位产量综合兑现分值	%	25		每降 1%扣权重的 5%，最多扣 20%
						每超 1%奖权重的 5%，最多奖 10%
管理绩效	专业管理	培训计划兑现率	%	10		每降 0.5%扣权重的 5%，最多扣 20%
		招聘计划执行率	%	10		
		员工流失率	%	10		每超 0.5%奖权重的 5%，最多奖 10%
		工资发放准确率	%	10		
		劳动和谐关系	次	10		发生 1 次，扣 5%，最多扣 20%
	重点工作	重点工作完成率及效果	%	5		
		工作质量满意度	%	5		
合计				100		

1.7.13　冲突管理

项目环境中，冲突不可避免。冲突的来源包括资源稀缺、进度优先级排序和个人工作风格差异等。采用团队基本规则、团队规范及成熟的项目管理实践（如沟通规划和角色定义），可以减少冲突的数量。成功的冲突管理可提高生产力，改进工作关系。

5 种常用的冲突解决方法是撤退/回避、缓和/包容、妥协/调解、强迫/命令、合作/解决问题。

1.8　项目风险管理论文重要知识点

1.8.1　风险管理过程

项目风险管理包括规划风险管理、风险识别、风险分析、风险应对和风险监督等各个过程。项目风险管理旨在识别和管理未被项目计划及其他过程所管理的风险。

项目风险管理包括七个管理过程。

（1）**规划风险管理**：是定义如何实施项目风险管理活动的过程。**本过程的主要作用**是确保风险管理的水平、方法和可见度与项目风险程度相匹配，与对组织和其他干系人的重要程度相匹配。

（2）**识别风险**：是识别单个项目风险以及整体项目风险的来源，并记录风险特征的过程。**本过程的主要作用**：①记录现有的单个项目风险，以及整体项目风险的来源；②汇总相关信息，以便项目团队能够恰当地应对已识别的风险。本过程应在整个项目期间开展。

（3）**实施定性风险分析**：通过评估单个项目风险发生的概率和影响及其他特征，对风险进行优先级排序，从而为后续分析或行动提供基础的过程。**本过程的主要作用**：重点关注高优先级的风险。本过程需要在整个项目期间开展。

（4）**实施定量风险分析**：就已识别的单个项目风险和不确定性的其他来源对整体项目目标的影响进行定量分析的过程。**本过程的主要作用**：①量化整体项目风险最大可能性；②提供额外的定量风险信息，以支持风险应对规划。本过程并非每个项目必需，但如果采用，它会在整个项目期间持续开展。

（5）**规划风险应对**：为了应对项目风险，而制订可选方案、选择应对策略并商定应对行动的过程。**本过程的主要作用**：①制订应对整体项目风险和单个项目风险的适当方法；②分配资源，并根据需要将相关活动添加进项目文件和项目管理计划中。本过程需要在整个项目期间开展。

（6）**实施风险应对**：是执行商定的风险应对计划的过程。**本过程的主要作用**：①确保按计划执行商定的风险应对措施；②管理整体项目风险入口、最小化单个项目威胁，以及最大化单个项目机会。本过程需要在整个项目期间开展。

（7）**监督风险**：在整个项目期间，监督风险应对计划的实施，并跟踪已识别风险、识别和分析新风险，以及评估风险管理有效性的过程。**本过程的主要作用**：保证项目决策是在整体项目风险和单个项目风险当前信息的基础上进行。本过程需要在整个项目期间开展。

1.8.2　风险管理过程的输入、工具与技术、输出

风险管理过程的输入、工具与技术、输出具体见表 1-8-1。

表 1-8-1　风险管理过程的输入、工具与技术、输出

过程名	输入	工具与技术	输出
规划风险管理	1. 项目章程 2. 项目管理计划 3. 项目文件 4. 事业环境因素 5. 组织过程资产	1. 专家判断 2. 数据分析（干系人分析法） 3. 会议	风险管理计划
识别风险	1. 项目管理计划 2. 项目文件 3. 采购文件 4. 协议 5. 事业环境因素 6. 组织过程资产	1. 专家判断 2. 数据收集（头脑风暴、核查单、访谈） 3. 数据分析（根本原因分析、假设条件和制约因素分析、SWOT 分析、文件分析） 4. 人际关系与团队技能 5. 提示清单 6. 会议	1. 风险登记册 2. 风险报告 3. 项目文件（更新）

续表

过程名	输入	工具与技术	输出
实施定性风险分析	1. 项目管理计划 2. 项目文件 3. 事业环境因素 4. 组织过程资产	1. 专家判断 2. 数据收集（访谈） 3. 数据分析（风险数据质量评估、风险概率和影响评估、其他风险参数评估） 4. 人际关系与团队技能（引导） 5. 风险分类 6. 数据表现（概率和影响矩阵、层级图） 7. 会议	项目文件（更新）
实施定量风险分析	1. 项目管理计划 2. 项目文件 3. 事业环境因素 4. 组织过程资产	1. 专家判断 2. 数据收集（访谈） 3. 人际关系与团队技能（引导） 4. 不确定性表现方式 5. 数据分析（模拟、敏感性分析、决策树分析、影响图）	项目文件（更新）
规划风险应对	1. 项目管理计划 2. 项目文件 3. 事业环境因素 4. 组织过程资产	1. 专家判断 2. 数据收集（访谈） 3. 人际关系与团队技能（引导） 4. 威胁应对策略 5. 机会应对策略 6. 应急应对策略 7. 整体项目风险应对策略 8. 数据分析（备选方案分析、成本效益分析） 9. 决策（多标准决策分析）	1. 变更请求 2. 项目管理计划（更新） 3. 项目文件（更新）
实施风险应对	1. 项目管理计划 2. 项目文件 3. 组织过程资产	1. 专家判断 2. 人际关系与团队技能（影响力） 3. 项目管理信息系统	1. 变更请求 2. 项目文件（更新）
监督风险	1. 项目管理计划 2. 项目文件 3. 工作绩效数据 4. 工作绩效报告	1. 数据分析（技术绩效分析、储备分析） 2. 审计 3. 会议	1. 工作绩效信息 2. 变更请求 3. 项目管理计划（更新） 4. 项目文件（更新） 5. 组织过程资产（更新）

1.8.3　风险管理计划

风险管理计划描述如何安排与实施项目风险管理，它是项目管理计划的从属计划。风险管理计划可包括以下内容：风险管理策略；方法论；角色与职责；资金；时间安排；风险类别（经常采用风险分解结构）；干系人风险偏好；风险概率和影响；概率和影响矩阵；报告格式；跟踪。

1.8.4　风险登记册

风险登记册记录已识别项目风险的详细信息。随着实施定性风险分析、规划风险应对、实施风险应对和监督风险等过程的开展,这些过程的结果也要记入风险登记册。取决于具体的项目变量(如规模和复杂性),风险登记册可能包含有限或广泛的风险信息。

当完成识别风险过程时,风险登记册的内容主要包括:

(1)已识别风险清单。在风险登记册中,每个项目风险都被赋予一个独特的标识号。需要按照所需的详细程度对已识别风险进行描述,确保明确理解。可以使用结构化的风险描述,来把风险本身与风险原因及风险影响区分开来。

(2)潜在风险责任人。如果已在识别风险过程中识别出潜在的风险责任人,就要把该责任人记录到风险登记册中。

(3)潜在风险应对措施。如果已在识别风险过程中识别出某种潜在的风险应对措施,就要把它记录到风险登记册。随后将由规划风险应对过程进行确认。项目风险登记册见表 1-8-2。

表 1-8-2 项目风险登记册

已识别风险清单	潜在风险责任人	潜在风险应对措施
涉及银行多个部门,需求冲突	项目经理小刘	采用多种方法和多渠道收集需求,积极与银行方进行沟通
票据业务流程不熟悉	业务支撑组小王	邀请票据业务专家组织培训
系统接口不兼容	开发组组长小李	与原系统开发商沟通合作
信息安全	信息安全员小胡	加强信息安全管控,熟悉银行信息安全管理规定,按银行方的统一要求开发
疫情暴发风险	项目经理小刘	严格执行疫情管控规定
……	……	……

1.8.5 提示清单

提示清单是关于可能引发项目风险来源的风险类别的预设清单,示例见表 1-8-3。

表 1-8-3 提示清单示例

编号	风险名称	发生概率	风险影响	风险等级
1	用户需求变更	中	大	中
…	…	…	…	…

1.8.6 风险报告

风险报告提供关于整体项目风险的信息,以及关于已识别的单个项目风险的概述信息。风险报告的编制是一项渐进式的工作。风险报告的内容主要包括:整体项目风险的来源和关于已识别单个项目风险的概述信息。

1.8.7　风险应对措施

（1）威胁应对策略：上报、规避、转移、减轻、接受。
（2）机会应对策略：上报、开拓、分享、提高、接受。
（3）整体项目风险应对策略：规避、开拓、转移或分享、减轻或提高、接受。

1.8.8　风险审计

风险审计是一种审计类型，可用于评估风险管理过程的有效性。项目经理负责确保按项目风险管理计划所规定的频率开展风险审计。风险审计可以在日常项目审查会和风险审查会上开展，团队也可以召开专门的风险审计会。在实施审计前，应明确定义风险审计的程序和目标。

1.8.9　风险监控列表

风险监控列表示例见表1-8-4。

表1-8-4　风险监控列表示例

软件项目风险监控列表					
风险	现在优先级	以前优先级	每周前10项重点关注	应对策略状态	风险等级
频繁需求变更	1	4	2	使一些需求延后	高
低效率的测试	2	4	3	增加测试用例以反映需求变更	高
进度延缓	3	5	2	调整一些开发人员至测试团队	高
组员离职	4	3	1	从开发一部调配两名成员	高
沟通障碍	5	2	4	指定两名强有力的协调人	中

1.8.10　风险类别

风险类别是确定对项目风险进行分类的方式。通常借助风险分解结构（RBS）来构建风险类别。风险分解结构是潜在风险来源的层级展现，如表1-8-5所示。风险分解结构有助于项目团队考虑单个项目风险的全部可能来源，对识别风险或归类已识别风险特别有用。

表 1-8-5 风险分解结构（RBS）示例

RBS 0 级	RBS 1 级	RBS 2 级
项目风险所有来源	1. 技术风险	1.1 范围定义
		1.2 需求定义
		1.3 估算、假设和制约因素
		1.4 技术过程
		……
	2. 管理风险	2.1 项目管理
		2.2 组织
		2.3 沟通
		……
项目风险所有来源	3. 商业风险	3.1 合同条款和条件
		3.2 内部采购
		3.3 供应商与卖方
		……
	4. 外部风险	4.1 法律
		4.2 环境/天气
		4.3 地点/设施
		4.4 竞争
		……

1.8.11 风险概率和影响定义

风险概率和影响是根据具体的项目环境、组织和关键干系人的风险偏好和临界值，来制定风险概率和影响。表 1-8-6 针对 3 个项目目标提供了概率和影响定义的示例。

表 1-8-6 概率和影响定义示例

量表	概率	+/一对项目目标的影响		
		时间	成本	质量
很高	>70%	>6 个月	>400 万元	对整体功能影响非常重大
高	51%~70%	3~6 个月	100 万~400 万元	对整体功能影响重大
中	31%~50%	1~3 个月	50.1 万~100 万元	对关键功能领域有一些影响
低	11%~30%	1~4 周	10 万~50 万元	对整体功能有微小影响
很低	1%~10%	1 周	<10 万元	对辅助功能有微小影响
零	<1%	不变	不变	功能不变

1.8.12　风险应对计划

风险应对计划是规划风险应对的一个内容，规划风险应对也叫"制订风险应对措施"，或者"制订风险应对计划"。风险应对计划示例见表 1-8-7。

表 1-8-7　解决"逐渐增加的需求"而制订的风险应对计划

风险点	应对计划
为什么	经过分析我们发现项目中的需求泛滥会达到 40%左右。我们需要控制逐渐增加的需求，以防止项目中出现超出控制的额外开销和时间拖延
怎么做	通常，我们应首先做好收集需求的工作，争取消除需求变更产生的根源。然后，我们要保证只允许那些绝对必要的需求变更
什么方法	我们针对这个风险提出三种应对方法： 1．在项目启动时就使用用户界面原型，以保证能收集到高质量的需求。我们还要不断地给用户看这些原型，精练它们，再次给用户过目，直到用户对我们构建的软件完全满意为止 2．我们要将需求规约置于明确的变更控制之下。当我们完成用户界面原型，并收集好其他需求时，就将这些需求作为基线确定下来。以后的需求变更必须通过一个更正式的变更过程，其中在接受每一个变更之前，都要仔细评估该变更对成本、进度表、质量以及其他方面的影响 3．我们将运用分阶段交付的方法来保持较短的交付周期，这将减少在一个周期内发生变更的必要性。若有需要，我们可以在各个阶段之间变更软件特征。 当出现以下情况时，我们需要将风险等级提升： 经过一定时间，用户仍不能接受我们的用户界面原型。 在需求基线被确定之后的最初 30 天内，我们收到变更请求所涉及的需求已经超过了需求基线的 5%。 在整个项目生存周期的任何时候，如果需求变更超过基线 5%以上，需进行变更管理
谁来做	工程负责人对用户界面原型负责 变更委员会负责将需求置于变更控制之下 项目经理负责按时完成分阶段交付的计划进度表
何时做	要在 8 月 15 日之前完成 UI 原型。如果到了 9 月 1 日仍未完成，我们就要将风险级别提升到"项目紧急问题"； 需求规约要在 9 月 15 日之前确定基线。若是到了 9 月 15 日仍未完成，我们要将风险级别提升到"项目紧急问题"； 第一阶段的交付要在 10 月 15 日之前完成。若到了 11 月 15 日仍然未果，风险也要被提升到"项目紧急问题"
所需代价	我们估计 UI 原型将要花去一个工程人员 7 个月的时间。标准的开发步骤中包括明示的变更控制，所以不增加任何项目成本。分阶段交付的方法会使开销增加 6%左右，因为软件要被反复发布，增加了工作量。但另一方面它也减少了集成风险和生产错误产品的风险。结果，唯一增加的只有项目真实成本的透明度。因此，与其说是花费还不如说是净效益

1.9　项目采购管理论文重要知识点

1.9.1　采购管理过程

项目采购管理包括从项目团队外部采购或获取所需产品、服务或成果的各个过程。项目采购管理包括编制和管理协议所需的管理和控制过程。

项目采购管理包括三个管理过程。

（1）**规划采购管理**：记录项目采购决策、明确采购方法及识别潜在卖方的过程。**本过程的主要作用**是确定是否从项目外部获取货物和服务，如果是，则还要确定将在什么时间、以什么方式获取什么货物和服务。货物和服务可从执行组织的其他部门采购，或者从外部渠道采购。本过程仅开展一次或仅在项目的预定义点开展。

（2）**实施采购**：获取卖方应答、选择卖方并授予合同的过程。**本过程的主要作用**是选定合格卖方并签署关于货物或服务交付的法律协议。本过程的最后成果是签订的协议，包括正式合同。本过程应根据需要在整个项目期间定期开展。

（3）**控制采购**：管理采购关系、监督合同绩效、实施必要的变更和纠偏，以及关闭合同的过程。**本过程的主要作用**是确保买卖双方履行法律协议，满足项目需求。本过程应根据需要在整个项目期间开展。

1.9.2　采购管理过程的输入、工具与技术、输出

采购管理过程的输入、工具与技术、输出具体见表 1-9-1。

表 1-9-1　采购管理过程的输入、工具与技术、输出

过程名	输入	工具与技术	输出
规划采购管理	1．立项管理文件 2．项目章程 3．项目管理计划 4．项目文件 5．事业环境因素 6．组织过程资产	1．专家判断 2．数据收集（市场调研） 3．数据分析（自制或外购分析） 4．供方选择分析 5．会议	1．采购管理计划 2．采购策略 3．采购工作说明书 4．招标文件 5．自制或外购决策 6．独立成本估算 7．供方选择标准 8．变更请求 9．项目文件（更新） 10．组织过程资产（更新）
实施采购	1．项目管理计划 2．项目文件 3．采购文档 4．卖方建议书 5．事业环境因素 6．组织过程资产	1．专家判断 2．广告 3．投标人的会议 4．数据分析（建议书评估） 5．人际关系与团队技能（谈判）	1．选定的卖方 2．协议 3．变更请求 4．项目管理计划（更新） 5．项目文件（更新） 6．组织过程资产（更新）

续表

过程名	输入	工具与技术	输出
控制采购	1．项目管理计划 2．项目文件 3．采购文档 4．协议 5．工作绩效数据 6．批准的变更请求 7．事业环境因素 8．组织过程资产	1．专家判断 2．索赔管理 3．数据分析（绩效审查、挣值分析、趋势分析） 4．检查 5．审计	1．采购关闭 2．采购文档（更新） 3．工作绩效信息 4．变更请求 5．项目管理计划（更新） 6．项目文件（更新） 7．组织过程资产（更新）

1.9.3　采购管理计划

采购管理计划可包括以下内容：如何协调采购与项目的其他工作，例如项目进度计划制订和控制；开展重要采购活动的时间表；用于管理合同的采购测量指标；与采购有关的干系人角色和职责，如果执行组织有采购部，项目团队拥有的职权和受到的限制；可能影响采购工作的制约因素和假设条件；司法管辖权和付款货币；是否需要编制独立估算，以及是否应将其作为评价标准；风险管理事项，包括对履约保函或保险合同的要求，以减轻某些项目风险；拟使用的预审合格的卖方（如果有）等。

1.9.4　采购工作说明书

采购工作说明书充分详细地描述拟采购的产品、服务或成果，以便潜在卖方确定是否有能力提供此类产品、服务或成果。主要内容包括规格、所需数量、质量水平、绩效数据、履约期间、工作地点和其他要求。采购工作说明书示例如图 1-9-1 所示。

1.	采购目标的详细描述
2.	采购工作范围
	详细描述本次采购各个阶段要完成的工作
	详细说明所采用的软硬件以及功能、性能
3.	工作地点
	工作进行的具体地点
	详细阐明软硬件所使用的地方
	员工必须在哪里和以什么方式工作
4.	产品及服务的供货周期
	详细说明每项工作的预计开始时间、结束时间和工作时间等
	相关的进度信息
5.	适用标准
……	
6.	验收标准
……	
7.	其他要求

图 1-9-1　采购工作说明书

1.9.5　工作大纲

采购文件用来得到潜在卖方的报价建议书。当选择卖方的决定基于价格（例如当购买商业产品或标准产品）时，通常使用标书、投标或报价而不是报价建议书这个术语。工作大纲通常包括以下内容：①承包商需要执行的任务，以及所需的协调工作；②承包商必须达到的适用标准；③需要提交批准的数据；④由买方提供给承包商的，适用时，将用于合同履行的全部数据和服务的详细清单；⑤关于初始成果提交和审查（或审批）的进度计划。

1.9.6　采购策略

采购策略规定项目交付方法、具有法律约束力的协议类型，以及如何在采购阶段推动采购进展。其主要内容包括：交付方法；合同支付类型和采购阶段。

1.9.7　自制或外购决策

通过自制或外购分析，做出某项特定工作最好由项目团队自己完成，还是需要从外部渠道采购的决策。

1.9.8　招标文件

招标文件用于向潜在卖方征求建议书。如果主要依据价格来选择卖方（如购买商业或标准产品时），通常就使用标书、投标或报价等术语。招标文件可以是信息邀请书、报价邀请书、建议邀请书，或其他适当的采购文件。

1.9.9　选定的卖方

选定的卖方是在建议书评估或投标评估中被判断为最有竞争力的投标人。对于较复杂、高价值和高风险的采购，在授予合同前，要把选定卖方报给组织高级管理人员审批。

1.9.10　独立成本估算

对于大型的采购，采购组织可自行准备独立估算，或聘用外部专业估算师做出成本估算，并将其作为评价卖方报价的对照基准。如果二者之间存在明显差异，则可能表明采购工作说明书存在缺陷或模糊，或者潜在卖方误解了或未能完全响应采购工作说明书。独立成本估算表示例见表 1-9-2。

表 1-9-2　独立成本估算表示例

WBS	名称	估算值/元	合计/元
1	学生管理系统		
1.1	招生管理		40000
1.1.1	招生录入	16000	

续表

WBS	名称	估算值/元	合计/元
1.1.2	招生审核	12000	
1.1.3	招生查询	12000	
1.2	分班管理		81000
1.2.1	自动分班	30000	
1.2.2	手动分班	21000	
1.3	学生档案管理	30000	
合计总金额	121000 元		

1.9.11　采购关闭

采购关闭是买方通常通过其授权的采购管理员，向卖方发出合同已经完成的正式书面通知。关于正式关闭采购的要求，通常已在合同条款和条件中规定，包括在采购管理计划中。内容包括：已按时按质按技术要求交付全部可交付成果；没有未决索赔或发票，全部最终款项已付清；项目管理团队应该在关闭采购之前批准所有的可交付成果。

1.9.12　供方选择标准

在确定评估标准时，买方要努力确保选出的建议书提供最佳质量的所需服务。供方选择标准主要包括：能力和潜能；产品成本和生命周期成本；交付日期；技术专长和方法；具体的相关经验；用于响应工作说明书的工作方法和工作计划；关键员工的资质、可用性和胜任力；组织的财务稳定性；管理经验；知识转移计划，包括培训计划等。

1.10　项目沟通管理论文重要知识点

1.10.1　沟通管理过程

项目沟通管理是确保及时、正确地产生、收集、分发、存储和最终处理项目信息所需的过程。项目沟通管理过程揭示了实现成功沟通所需的人员、观点、信息这三项要素之间的一种联络关系。项目经理需要花费大量且无规律的时间，用于与项目团队、项目干系人、客户和赞助商沟通。

项目沟通管理包括三个管理过程。

（1）**规划沟通管理**：是基于每个干系人或干系人群体的信息需求、可用的组织资产，以及具体项目的需求，为项目沟通活动制订恰当的方法和计划的过程。**本过程的**主要作用：①及时向干系人提供相关信息；②引导干系人有效参与项目；③编制书面沟通计划。本过程应根据需要在整个项目期间定期开展。

（2）**管理沟通**：是确保项目信息及时且恰当地收集、生成、发布、存储、检索、管理、监督和最终处置的过程。**本过程的主要作用**是促成项目团队与干系人之间的有效信息流动。本过程需要在整个项目期间开展。

（3）**监督沟通**：是确保满足项目及其干系人的信息需求的过程。**本过程的主要作用**是按沟通管理计划和干系人参与计划的要求优化信息传递流程。本过程需要在整个项目期间开展。

1.10.2　项目沟通管理过程的输入、工具与技术、输出

项目沟通管理过程的输入、工具与技术、输出具体见表 1-10-1。

表 1-10-1　项目沟通管理过程的输入、工具与技术、输出

过程名	输入	工具与技术	输出
规划沟通管理	1．项目章程 2．项目管理计划 3．项目文件 4．事业环境因素 5．组织过程资产	1．专家判断 2．沟通需求分析 3．沟通技术 4．沟通模型 5．沟通方法 6．人际关系与团队技能（沟通风格评估、政策意识、文化意识） 7．数据表现（干系人参与度评估矩阵） 8．会议	1．沟通管理计划 2．项目管理计划（更新） 3．项目文件（更新）
管理沟通	1．项目管理计划 2．项目文件 3．工作绩效报告 4．事业环境因素 5．组织过程资产	1．沟通技术 2．沟通方法 3．沟通技能（沟通胜任力、反馈、非口头技能、演示） 4．项目管理信息系统 5．项目报告 6．人际关系与团队技能（积极倾听、冲突管理、文化意识、会议管理、人际交往、政策意识） 7．会议	1．项目沟通记录 2．项目管理计划（更新） 3．项目文件（更新） 4．组织过程资产（更新）
监督沟通	1．项目管理计划 2．项目沟通 3．问题日志 4．工作绩效数据 5．组织过程资产	1．信息管理系统 2．专家判断 3．会议	1．工作绩效信息 2．变更请求 3．项目管理计划更新 4．项目文件更新

1.10.3　沟通需求分析

在进行沟通需求分析的时候，需要的信息包括：①干系人登记册及干系人参与计划中的相关信

息和沟通需求；②潜在沟通渠道或途径的数量，包括一对一、一对多和多对多沟通；③组织结构图；④项目组织与干系人的职责、关系及相互依赖；⑤开发方法；⑥项目所涉及的学科、部门和专业；⑦有多少人在什么地点参与项目；⑧内部信息需求；⑨外部信息需求；⑩法律要求等。

1.10.4　实现主要沟通的方法

可以采用如下方法来实现沟通管理计划所规定的主要的沟通需求：

（1）人际沟通：个人之间交换信息，通常以面对面的方式进行。

（2）小组沟通：在 3～6 人的小组内部开展。

（3）公众沟通：单个演讲者面向一群人。

（4）大众传播：信息发送人员或小组与大量目标受众之间只有最低程度的联系。

（5）网络和社交工具沟通：借助社交工具和媒体，开展多对多的沟通。

1.10.5　沟通管理计划

沟通管理计划主要包括：干系人的沟通需求；需沟通的信息，包括语言、形式、内容和详细程度；上报步骤；发布信息的原因；发布所需信息、确认已收到或作出回应（若适用）的时限和频率；负责沟通相关信息的人员；负责授权保密信息发布的人员；接收信息的人员或群体，包括他们的需要、需求和期望；用于传递信息的方法或技术，如备忘录、电子邮件、新闻稿或社交媒体；为沟通活动分配的资源，包括时间和预算；随着项目进展（如项目不同阶段干系人社区的变化）而更新与优化沟通管理计划的方法；通用术语表；项目信息流向图、工作流程（可能包含审批程序）、报告清单和会议计划等；来自法律法规、技术、组织政策等的制约因素等。

1.10.6　沟通方法

项目干系人之间用于分享信息的沟通方法主要包括：

（1）互动沟通：在两方或多方之间进行的实时多向信息交换。它使用诸如会议、电话、即时信息、社交媒体和视频会议等沟通方式。

（2）推式沟通：向需要接收信息的特定接收方发送或发布信息。这种方法可以确保信息的发送，但不能确保信息送达目标受众或被目标受众理解。在推式沟通中，可以用于沟通的有：信件、备忘录、报告、电子邮件、传真、语音邮件、博客和新闻稿。

（3）拉式沟通。适用于大量复杂信息或大量信息受众的情况。它要求接收方在遵守有关安全规定的前提之下自行访问相关内容。这种方法包括门户网站、组织内网、电子在线课程、经验教训数据库或知识库。

1.10.7　项目报告

项目报告发布是收集和发布项目信息的行为。项目信息应发布给众多干系人群体。应针对每种干系人来调整项目信息发布的适当层次、形式和细节。报告的形式各不相同。可以定期准备信息或基于例外情况准备。虽然工作绩效报告是监控项目工作过程的输出，但是本过程会编制临时报告、项目演示、博客，以及其他类型的信息。

1.10.8 项目沟通记录

项目沟通记录主要包括：绩效报告、可交付成果的状态、进度进展、产生的成本、演示，以及干系人需要的其他信息。

1.11 项目干系人管理论文重要知识点

1.11.1 干系人管理过程

项目干系人管理包括识别能够影响项目或会受项目影响的人员、团体或组织，分析干系人对项目的期望和影响，制定管理策略有效调动干系人参与项目决策和执行。项目干系人管理过程能够支持项目团队的工作。

项目干系人管理包括四个管理过程。

（1）**识别干系人**：定期识别项目干系人，分析和记录他们的利益、参与度、相互依赖性、影响力和对项目成功的潜在影响的过程。**本过程的主要作用**是使项目团队能够建立对每个干系人或干系人群体的适度关注。本过程应根据需要在整个项目期间定期开展。

（2）**规划干系人参与**：根据干系人的需求、期望、利益和对项目的潜在影响，制订项目干系人参与项目的方法的过程。**本过程的主要作用**是提供与干系人进行有效互动的可行计划。本过程应根据需要在整个项目期间定期开展。

（3）**管理干系人参与**：通过与干系人进行沟通协作，以满足其需求与期望、处理问题，并促进干系人合理参与的过程。**本过程的主要作用**是尽可能提高干系人的支持度，并降低干系人的抵制程度。本过程需要在整个项目期间开展。

（4）**监督干系人参与**：监督项目干系人的关系，并通过修订参与策略和计划来引导干系人合理参与项目的过程。**本过程的主要作用**是随着项目的进展和环境变化，维持或提升干系人参与活动的效率和效果。本过程需要在整个项目期间开展。

1.11.2 项目干系人管理过程的输入、工具与技术、输出

项目干系人管理过程的输入、工具与技术、输出具体见表 1-11-1。

表 1-11-1　项目干系人管理过程的输入、工具与技术、输出

过程名	输入	工具与技术	输出
识别干系人	1. 立项管理文件 2. 项目章程 3. 项目管理计划 4. 项目文件 5. 协议 6. 事业环境因素 7. 组织过程资产	1. 专家判断 2. 数据收集（问卷调查、头脑风暴） 3. 数据分析（干系人分析、文件分析） 4. 数据表现（权力/利益方格、干系人立方体、凸显模型、影响方向、优先级排序） 5. 会议	1. 干系人登记册 2. 变更请求 3. 项目管理计划（更新） 4. 项目文件（更新）
规划干系人参与	1. 项目章程 2. 项目管理计划 3. 项目文件 4. 协议 5. 事业环境因素 6. 组织过程资产	1. 专家判断 2. 数据收集（标杆对照） 3. 数据分析（假设条件和制约因素分析、根本原因分析） 4. 决策（优先级排序/分级） 5. 数据表现（思维导图、干系人参与度评估矩阵） 6. 会议	干系人参与计划
管理干系人参与	1. 项目管理计划 2. 项目文件 3. 事业环境因素 4. 组织过程资产	1. 专家判断 2. 沟通技能 3. 人际关系与团队技能（冲突管理、文化意识、谈判、观察和交谈、政策意识） 4. 基本规则 5. 会议	1. 变更请求 2. 项目管理计划（更新） 3. 项目文件（更新）
监督干系人参与	1. 项目管理计划 2. 项目文件 3. 工作绩效数据 4. 事业环境因素 5. 组织过程资产	1. 数据分析（备选方案分析、根本原因分析、干系人分析） 2. 决策（多标准决策分析、投票） 3. 数据表现（干系人参与度评估矩阵） 4. 沟通技能（反馈、演示） 5. 人际关系与团队技能（积极倾听、文化意识、领导力、人际交往、政策意识） 6. 会议	1. 工作绩效信息 2. 变更请求 3. 项目管理计划（更新） 4. 项目文件（更新）

1.11.3　干系人登记册

干系人登记册记录已识别干系人的信息，主要包括：

（1）**身份信息**：姓名、组织职位、地点、联系方式，以及在项目中扮演的角色。

（2）**评估信息**：主要需求、期望、影响项目成果的潜力，以及干系人最能影响或冲击的项目生命周期阶段。

（3）**干系人分类**：用内部或外部，作用、影响、权力或利益，上级、下级、外围或横向，或者项目经理选择的其他分类模型进行分类的结果等。

干系人登记册示例如图 1-11-1 所示。

基本信息			评估信息			干系人分类	
姓名	职位	项目中的角色	主要需求	对项目的影响	与项目哪个阶段密切相关	干系人分类（外部/内部）	对项目的影响（支持/中立/反对）
薛工	51CTO 总监	发起人	项目成功	大	项目全过程	外部	支持
唐工	项目经理	乙方	完成项目	大	项目全过程	内部	支持
刘工	技术骨干	乙方	完成项目	大	项目全过程	内部	支持
夏工	技术骨干	乙方	完成项目	大	项目全过程	内部	支持
胡工	技术骨干	乙方	完成项目	大	项目全过程	内部	支持
余工	技术骨干	乙方	完成项目	大	项目全过程	内部	支持
……							

图 1-11-1　干系人登记册示例

1.11.4　问题日志

问题日志用于记录和监督问题的解决。它可用来促进沟通，确保对问题的共同理解。问题日志记录了由谁来负责在目标日期前解决某特定问题，应该解决哪些妨碍团队实现目标的障碍，这有助于对问题和障碍的监督。问题日志应随着新问题的出现和老问题的解决而动态更新。问题日志示例如图 1-11-2 所示。

编制：项目经理唐工　　　　　　　　审核：QA 刘工　　　　　　　　2023-7-24

序号	问题	提出者	负责人	解决的方法	结果	遗留的问题	备注
1	需要道路试验场地	项目经理	项目经理	请求 B 市柳××司长协调	申请南郊公用地 300 亩，已得到批准	道路试验场地的规划和施工	需组织道路试验场地项目团队，任命项目经理
2	外汇指标	项目经理	项目经理	请求 B 市柳亚明司长协调	获得 500 万美元的外汇指标	为了发挥这 500 万美元的作用，还要对外购清单做一次优化	请采购部负责后续外购的进口报关等工作
3	罗基汽车造谣	项目经理	公关部苗欣	请专家上电视答疑、辟谣，请老用户现场说法	已在中央台、地方台播出节目，同时网络直播，听众和网民参与。95%的人已得到正确信息	关于安全，还有疑问需要进一步宣讲，必要时请用户代表参与野外道路试验，请他们观看撞车试验	希望公关部苗××继续支持
…	…						

图 1-11-2　问题日志示例

1.11.5　干系人参与度评估矩阵

干系人参与度评估矩阵显示了个体干系人当前和期望参与度之间的差距。在本过程中，可进一步分析该评估矩阵，以便为填补参与度差距而识别额外的沟通需求（除常规报告以外的），如图 1-11-3 所示。

干系人	不知晓	抵制	中立	支持	领导
干系人 1	C			D	
干系人 2			C	D	
干系人 3				DC	

注：不知晓：不知道项目及其潜在影响。

抵制：知道项目及其潜在影响，但抵制项目工作或成果可能引发的任何变更。

中立：了解项目，但既不支持，也不反对。

支持：了解项目及其潜在影响，并且会支持项目工作及其成果。

领导：了解项目及其潜在影响，而且积极参与以确保项目取得成功。

C 代表每个干系人的当前参与水平，D 是项目团队评估出来的、为确保项目成功所必不可少的参与水平（期望的）。

图 1-11-3　相关方参与程度评估矩阵

1.11.6　管理干系人参与阶段的活动

在管理干系人参与过程中，需要开展多项活动，包括：在适当的项目阶段引导干系人参与，以便获取、确认或维持他们对项目成功的持续承诺；通过谈判和沟通的方式管理干系人期望；处理与干系人管理有关的任何风险或潜在关注点，预测干系人可能在未来引发的问题；澄清和解决已识别的问题等。

1.12　项目立项管理论文重要知识点

1.12.1　立项管理过程

项目立项管理是对拟规划和实施的项目技术上的先进性、适用性，经济上的合理性、效益性，实施上的可能性、风险性以及社会价值的有效性、可持续性等进行全面科学的综合分析，为项目决策提供客观依据的一种技术经济研究活动。一般包括项目建议与立项申请、项目可行性研究（初步和详细）、项目评估与决策。

项目立项管理包括三个阶段。

（1）项目建议与立项申请：项目建议书（又称立项申请）是项目建设单位向上级主管部门提交项目申请时所必需的文件，是该项目建设单位或项目法人根据各种情况提出的某一具体项目的建议文件，是对拟建项目提出的框架性的总体设想。项目建议书是国家或上级主管部门选择项目的依据，也是可行性研究的依据，涉及利用外资的项目，在项目建议书批准后，方可开展对外工作。

（2）可行性研究：是在项目建议书批准后，从技术、经济、社会和人员等方面的条件和情况进行调查研究，对可能的技术方案进行论证，以最终确定整个项目是否可行。可行性研究是为项目决策提供依据的一种综合性的分析方法，可行性研究具有预见性、公正性、可靠性、科学性的特点。

（3）项目评估：项目评估指在项目可行性研究的基础上，由第三方（国家、银行或有关机构）根据国家颁布的政策、法规、方法、参数和条例等，从国民经济与社会、组织业务等角度出发，对拟建项目建设的必要性、建设条件、生产条件、市场需求、工程技术、经济效益和社会效益等进行评价、分析和论证，进而判断其是否可行的一个评估过程。项目评估是项目投资前期进行决策管理的重要环节，其目的是审查项目可行性研究的可靠性、真实性和客观性，为银行的贷款决策或行政主管部门的审批决策提供科学依据。项目评估的最终成果是项目评估报告。

1.12.2　项目建议书的核心内容

项目建议书的核心内容包括以下四个方面：
（1）项目的必要性。
（2）项目的市场预测。
（3）产品方案或服务的市场预测。
（4）项目建设必需的条件。

1.12.3　可行性研究的内容

可行性研究主要包括以下方面的内容。

（1）技术可行性：技术可行性分析是指在当前的技术、产品条件限制下，能否利用现在拥有的以及可能拥有的技术能力、产品功能、人力资源来实现项目的目标、功能、性能，能否在规定的时间期限内完成整个项目。技术可行性分析一般应当考虑的因素包括：进行项目开发的风险、人力资源的有效性、技术能力的可能性、物资（产品）的可用性。

（2）经济可行性分析：经济可行性分析主要是对整个项目的投资及所产生的经济效益进行分析，具体包括支出分析、收益分析、收益投资比、投资回报分析以及敏感性分析等。

（3）社会效益可行性分析：项目除了需要考虑经济可行性分析外，往往还需要对项目的社会效益进行分析，尤其是针对面向公共服务领域的项目，其社会效益往往是可行性分析的关注重点。

（4）运行环境可行性分析：运行环境是制约信息系统发挥效益的关键。因此，需要从用户的管理体制、管理方法、规章制度、工作习惯、人员素质（甚至包括人员的心理承受能力、接受新知识和技能的积极性等）、数据资源积累、基础软硬件平台等多方面进行评估，以确定软件系统在交付以后，是否能够在用户现场顺利运行。在进行运行环境可行性分析时，可以重点评估是否可以建立系统顺利运行所需要的环境以及建立这个环境所需要进行的工作，以便可以将这些工作纳入项目计划之中。

（5）其他方面的可行性分析：信息系统项目的可行性研究除了前面介绍的技术、经济、社会效益和运行环境可行性分析外，还包括了诸如法律可行性、政策可行性等方面的可行性分析。

1.12.4 可行性研究阶段

（1）初步可行性研究一般是在对市场或者客户情况进行调查后，对项目进行的初步评估。初步可行性研究的结果及研究的主要内容基本与详细可行性研究相同，所不同的是占有的资源细节有较大差异。

（2）详细可行性研究是在项目决策前对与项目有关的技术、经济、法律、社会环境等方面的条件和情况，进行详尽的、系统的、全面地调查、研究和分析，对各种可能的技术方案进行详细的论证、比较，并对项目建设完成后所可能产生的经济、社会效益进行预测和评价，最终提交的可行性研究报告将成为进行项目评估和决策的依据。

详细可行性研究报告视项目的规模和性质，有简有繁。编写一份关于信息系统项目的详细可行性研究报告，可以考虑从项目背景、可行性研究的结论、项目提出的技术背景等方面进行描述，见表 1-12-1。

表 1-12-1　详细可行性研究报告结构示例

目录项	主要内容
项目背景	项目名称；项目承担单位、主管部门及客户；承担可行性研究的单位；可行性研究的工作依据；可行性研究工作的基本内容；基本术语和一些约定等
可行性研究的结论	项目的目标、规模；技术方案概述及特点；项目的建设进度计划；投资估算和资金筹措计划；项目财务和经济评价；项目综合评价结论等
项目提出的技术背景	国家、地区、行业或组织发展规划；客户业务发展及需求的原因、必要性
项目的技术发展现状	国内外的技术发展历史、现状；新技术发展趋势
编制项目建议书的过程及必要性	
市场情况调查分析	项目所生产产品的用途、功能、性能的市场调研；市场相关（或替代）产品的调研；项目开发环境、平台、工具所需要产品的市场调研；市场情况预测
客户现行系统业务、资源、设施情况调查	客户拥有的资源（硬件、软件、数据、规章制度等）及使用情况调查；客户现行系统的功能、性能、使用情况调查；客户需求
项目总体目标	项目的目标、范围、规模、结构；技术方案设计的原则和方法；技术方案特点分析；关键技术与核心问题分析
项目实施进度计划	项目实施的阶段划分；阶段工作及进度安排；项目里程碑
项目投资估算	项目总投资概况；资金筹措方案；投资使用计划
项目组人员组成	项目组组织形式；人员构成；培训内容及培训计划
项目风险	关键技术、核心问题（攻关）的风险；项目规模、功能、性能（需求）不完全确定性分析；其他不可预见性因素分析

续表

目录项	主要内容
经济效益预测	
社会效益分析与评价	
可行性研究报告结论	可行性研究报告结论、"立项"建议；可行项目的修改建议和意见；不可行项目的问题及处理意见；可行性研究中的争议问题及结论
附件	

1.12.5　项目评估的依据

项目评估的依据包括：①项目建议书及其批准文件；②项目可行性研究报告；③报送单位的申请报告及主管部门的初审意见；④有关资源、配件、燃料、水、电、交通、通信、资金（包括外汇）等方面的协议文件；⑤必需的其他文件和资料。

1.12.6　项目评估报告内容

项目评估报告内容大纲应包括项目概况、详细评估意见、总结和建议等内容。

1.12.7　评估的程序

项目评估工作一般可按以下程序进行。

- 成立评估小组：进行分工，制订评估工作计划（包括评估目的、评估内容、评估方法和评估进度等）。
- 开展调查研究：收集数据资料，并对可行性研究报告和相关资料进行审查和分析。
- 分析与评估：在上述工作基础上，按照项目评估内容和要求，对项目进行技术经济分析和评估。
- 编写、讨论、修改评估报告。
- 召开专家论证会。
- 评估报告定稿并发布。

1.13 项目配置管理论文重要知识点

1.13.1 配置管理过程

配置管理是通过技术或者行政的手段对项目管理对象和信息系统的信息进行管理的一系列活动。这些信息不仅包括具体配置项信息，还包括这些配置项之间的相互关系。配置管理包含配置库的建立和配置管理数据库准确性的维护，以支持信息系统项目的正常运行。

配置管理包括六个主要活动：制订配置管理计划、配置项识别、配置项控制、配置状态报告、配置审计、配置管理回顾与改进等。

1. 制订配置管理计划

配置管理计划是对如何开展项目配置管理工作的规划，是配置管理过程的基础，应该形成文件并在整个项目生命周期内处于受控状态。CCB 负责审批该计划。

2. 配置项识别

配置项识别包括为配置项分配标识和版本号等。要确定配置项的范围、属性、标识符、基准线以及配置结构和命名规则等。配置项命名规则应能体现：①配置结构内各配置项间的层级关系；②每个配置及其相关文档间的关系；③各配置项及其相关文档间的关系；④文档与变更间的关系等。

3. 配置项控制

配置项控制即对配置项和基线的变更控制，包括标识和记录变更申请、分析和评价变更、批准或否决申请、实现、验证和发布已修改的配置项等任务。

4. 配置状态报告

配置状态报告是有效地记录和报告管理配置所需要的信息，目的是及时、准确地给出配置项的当前状况，供相关人员了解，以加强配置管理工作。配置状态报告应该主要包含：每个受控配置项的标识和状态；每个变更申请的状态和已批准的修改的实施状态；每个基线的当前和过去版本的状态以及各版本的比较；其他配置管理过程活动的记录等。

5. 配置审计

配置审计的实施是为了确保项目配置管理的有效性，体现了配置管理的最根本要求，不允许出现任何混乱现象：①防止向用户提交不适合的产品，如交付了用户手册的不正确版本；②发现不完善的实现，如开发出不符合初始规格说明或未按变更请求实施变更；③找出各配置项间不匹配或不相容的现象；④确认配置项已在所要求的质量控制审核之后纳入基线并入库保存；⑤确认记录和文档保持着可追溯性等。其包括功能配置审计和物理配置审计。

6. 配置管理回顾与改进

配置管理回顾与改进具体包括：①对本次配置管理回顾进行准备；②召开配置管理回顾会议；③根据会议结论，制订并提交服务改进计划；④根据过程改进计划，协调、落实改进等。

1.13.2 配置项

配置项是为配置管理设计的硬件、软件或二者的集合，在配置管理过程中作为一个单个实体来对待。典型的配置项包括项目计划书、技术解决方案、需求文档、设计文档、源代码、可执行代码、测试用例、运行软件所需的各种数据、设备型号及其关键部件等，它们经评审和检查通过后进入配置管理。所有配置项都应按照相关规定统一编号后以一定的目录结构保存在 CMDB 中。

所有配置项的操作权限应由 CMO（配置管理员）严格管理，基本原则是：基线配置项向开发人员开放读取权限；非基线配置项向 PM、CCB 及相关人员开放读取权限。

1.13.3 基线

配置基线（常简称"基线"）由一组配置项组成，这些配置项构成一个相对稳定的逻辑实体。基线中的配置项被"冻结"了，不能再被任何人随意修改。对基线的变更必须遵循正式的变更控制程序。

一组拥有唯一标识号的需求、设计、源代码文卷以及相应的可执行代码、构造文卷和用户文档构成一条基线。一个产品可以有多条基线，也可以只有一条基线。交付给外部顾客的基线一般称为发行基线，内部开发使用的基线一般称为构造基线。

对于每一个基线，要定义下列内容：建立基线的事件、受控的配置项、建立和变更基线的程序、批准变更基线所需的权限。

1.13.4 配置项状态

配置项的状态可分为"草稿""正式"和"修改"三种。配置项刚建立时，其状态为"草稿"。配置项通过评审后，其状态变为"正式"。此后若更改配置项，则其状态变为"修改"。当配置项修改完毕并重新通过评审时，其状态又变为"正式"。

1.13.5 配置项版本号

配置项的版本号规则与配置项的状态相关。

（1）处于"草稿"状态的配置项的版本号格式为 0.YZ，YZ 的数字范围为 01～99。随着草稿的修正，YZ 的取值应递增。YZ 的初值和增幅由用户自己把握。

（2）处于"正式"状态的配置项的版本号格式为 X.Y，X 为主版本号，取值范围为 1～9。Y 为次版本号，取值范围为 0～9。

配置项第一次成为"正式"文件时，版本号为 1.0。

如果配置项升级幅度比较小，可以将变动部分制作成配置项的附件，附件版本依次为 1.0、1.1、…当附件的变动积累到一定程度时，配置项的 Y 值可适量增加，Y 值增加一定程度时，X 值将适量增加。当配置项升级幅度比较大时，才允许直接增大 X 值。

（3）处于"修改"状态的配置项的版本号格式为 X.YZ。配置项正在修改时，一般只增大 Z 值，X.Y 值保持不变。当配置项修改完毕，状态成为"正式"时，将 Z 值设置为 0，增加 X.Y 值。

参见上述规则（2）。

1.13.6　配置库

配置库存放配置项并记录与配置项相关的所有信息，是配置管理的有力工具，利用库中的信息可回答许多配置管理的问题。配置库分为开发库、受控库、产品库 3 种类型。

（1）开发库，也称动态库、程序员库或工作库，用于保存开发人员当前正在开发的配置实体。动态库是开发人员的个人工作区，由开发人员自行控制，无须对其进行配置控制。

（2）受控库，也称主库，包含当前的基线加上对基线的变更。受控库中的配置项被置于完全的配置管理之下。在信息系统开发的某个阶段工作结束时，将当前的工作产品存入受控库。可以修改，需要走变更流程。

（3）产品库，也称静态库、发行库、软件仓库，包含已发布使用的各种基线的存档，被置于完全的配置管理之下。在开发的信息系统产品完成系统测试之后，作为最终产品存入产品库内，等待交付用户或现场安装。一般不再修改，真要修改的话需要走变更流程。

1.13.7　配置库的建库模式

配置库的建库模式有两种：按配置项的类型建库和按开发任务建库。

（1）按配置项的类型建库。这种模式适用于通用软件的开发组织。其特点是产品的继承性较强，工具比较统一，对并行开发有一定的需求。优点是有利于对配置项的统一管理和控制，同时也能提高编译和发布的效率。缺点是会造成开发人员的工作目录结构过于复杂，带来一些不必要的麻烦。

（2）按开发任务建库。这种模式适用于专业软件的开发组织。其特点是使用的开发工具种类繁多，开发模式以线性发展为主。其优点是库结构设置策略比较灵活。

1.13.8　配置控制委员会

配置控制委员会（Configuration Control Board，CCB），负责对配置变更做出评估、审批以及监督已批准变更的实施。通常，CCB 不只控制配置变更，还负责更多的配置管理任务。例如，配置管理计划审批、基线设立审批、产品发布审批等。

1.13.9　配置管理员

配置管理员负责在整个项目生命周期中进行配置管理的主要实施活动，具体有：①建立和维护配置管理系统；②建立和维护配置库或配置管理数据库；③配置项识别；④建立和管理基线；⑤版本管理和配置控制；⑥配置状态报告；⑦配置审计；⑧发布管理和交付。

1.13.10　配置变更流程

1. 变更申请

变更申请主要就是陈述要做什么变更，为什么要做，以及打算怎么做变更。

相关人员（如项目经理）填写变更申请表，说明要变更的内容、变更的原因、受变更影响的关联配置项和有关基线、变更实施方案、工作量和变更实施人等，并提交给 CCB。

2. 变更评估

CCB 负责组织对变更申请进行评估并确定以下内容：

- 变更对项目的影响。
- 变更的内容是否必要。
- 变更的范围是否考虑周全。
- 变更的实施方案是否可行。
- 变更工作量估计是否合理。

CCB 决定是否接受变更，并将决定通知相关人员。

3. 通告评估结果

CCB 把关于每个变更申请的批准、否决或推迟的决定通知受此处置意见影响的每个干系人。

如果变更申请得到批准，应该及时把变更批准信息和变更实施方案通知给那些正在使用受影响的配置项和基线的干系人。

如果变更申请被否决，应通知有关干系人放弃该变更申请。

4. 变更实施

项目经理组织修改相关的配置项，并在相应的文档或程序代码中记录变更信息。

5. 变更验证与确认

项目经理指定人员对变更后的配置项进行测试或验证。项目经理应将变更与验证的结果提交给 CCB，由其确认变更是否已经按要求完成。

6. 变更的发布

配置管理员将变更后的配置项纳入基线。配置管理员将变更内容和结果通知相关人员，并做好记录。

7. 基于配置库的变更控制

现以某软件产品升级为例，简述其流程。

（1）将待升级的基线（假设版本号为 V2.1）从产品库中取出，放入受控库。

（2）程序员将欲修改的代码段从受控库中检出（Check out），放入自己的开发库中进行修改。代码被 Check out 后即被"锁定"，以保证同一段代码只能同时被一个程序员修改，如果甲正对其修改，乙就无法 Check out。

（3）程序员将开发库中修改好的代码段检入（Check in）受控库。Check in 后，代码的"锁定"被解除，其他程序员可以 Check out 该段代码。

（4）软件产品的升级修改工作全部完成后，将受控库中的新基线存入产品库中（软件产品的版本号更新为 V2.2，旧的 V2.1 版并不删除，继续在产品库中保存）。

1.14 项目合同管理论文重要知识点

1.14.1 合同管理过程

合同管理是管理建设方和承建方（委托方与被委托方，买方与卖方）的关系，保证承建方的实际工作满足合同要求的过程。加强合同管理对于提高合同水平、减少合同纠纷、加强和改善建设单位和承建单位的经营管理、提高经济效益，都具有十分重要的意义。

合同管理包括合同的签订管理、合同的履行管理、合同的变更管理、合同的档案管理、合同违约索赔管理。

1. 合同的签订管理

在合同签订之前，应当做好以下 3 项工作：①市场调查，主要了解产品的技术发展状况，市场供需情况和市场价格等；②进行潜在合作伙伴或者竞争对手的资信调查，准确把握对方的真实意图，正确评判竞争的激烈程度；③了解相关环境，做出正确的风险分析判断。

为了使签约各方对合同有一致的理解，建议如下：

（1）使用国家或行业标准的合同格式。

（2）对合同标的的描述务必要达到准确、简练、清晰的标准，切忌含糊不清。

（3）对合同中质量条款应具体写清规格、型号、适用的标准等，避免合同订立后因为适用标准是采用国际标准、国家标准、地方标准、行业标准还是其他标准等问题产生纠纷。

（4）对于合同中需要变更、转让、解除等内容也应详细说明。

（5）如果合同有附件，对于附件的内容也应精心准备，并注意保持与主合同一致，不要相互之间产生矛盾。

（6）对于既有投标书，又有正式合同书、附件等包含多项内容的合同，要在条款中列明适用顺序。

（7）为避免合同纠纷，保证合同订立的合法性、有效性，当事人可以将签订的合同拿到公证机关进行公证。

（8）避免方案变更导致工程变更，从而引发新的误解。

（9）注意合同内容的前后一致性。

2. 合同的履行管理

本过程包括对合同的履行情况进行跟踪管理，主要指对合同当事人按合同规定履行应尽的义务和应尽的职责进行检查，及时、合理地处理和解决合同履行过程中出现的问题，包括合同争议、合同违约和合同索赔等事宜。

在解决合同争议的方法中，其优先顺序为谈判（协商）、调解、仲裁、诉讼。

3. 合同的变更管理

合同变更是指由于一定的法律事实而改变合同的内容的法律行为，一般具备以下条件才可以变更合同：①双方当事人协商，并且不因此而损坏国家和社会利益；②由于不可抗拒力导致合同义务不能执行；③由于另一方在合同约定的期限内没有履行合同，并且在被允许的推迟履行期限内仍未履行。

4. 合同的档案管理

合同档案管理（文本管理）是整个合同管理的基础。它作为项目管理的组成部分，是被统一整合为一体的一套具体的过程、相关的控制职能和信息化工具。合同档案管理还包括正本和副本管理、合同文件格式等内容。

5. 合同违约索赔管理

合同违约是指信息系统项目合同当事人一方或双方不履行或不适当履行合同义务，应承担因此给对方造成的经济损失的赔偿责任。合同索赔是项目中常见的一项合同管理的内容，同时也是规范合同行为的一种约束力和保障措施。

合同索赔的重要前提条件是合同一方或双方存在违约行为和事实，并且由此造成了损失，责任应由对方承担。对提出的合同索赔，凡属于客观原因造成的延期，且买方又无法预见的情况，如特殊反常天气达到合同中特殊反常天气的约定条件，卖方可能得到延长工期，但得不到费用补偿。对于属于买方的原因造成拖延工期，不仅应给卖方延长工期，还应给予费用补偿。

索赔是合同管理的重要环节，应按以下原则进行索赔。

第一，索赔必须以合同为依据。遇到索赔事件时，以合同为依据来公平处理合同双方的利益纠纷。

第二，必须注意资料的积累。积累一切可能涉及索赔论证的资料，做到处理索赔时以事实和数据为依据。

第三，及时、合理地处理索赔。索赔发生后，必须依据合同的相应条款及时地对索赔进行处理，尽量将单项索赔在执行过程中陆续加以解决。

第四，加强索赔的前瞻性。在项目执行过程中，应对可能引起的索赔进行预测，及时采取补救措施，避免过多索赔事件的发生。

1.14.2　项目合同的分类

以项目的范围为标准划分，可以分为项目总承包合同、项目单项承包合同和项目分包合同三类。

（1）项目总承包合同。采用总承包合同的方式一般适用于经验丰富、技术实力雄厚且组织管理协调能力强的卖方，这样有利于发挥卖方的专业优势，保证项目的质量和进度，提高投资效益。采用这种方式，买方只需与一个卖方沟通，容易管理与协调。

（2）项目单项承包合同。一个卖方只承包项目中的某一项或某几项内容，买方分别与不同的卖方订立项目单项承包合同。采用项目单项承包合同的方式有利于吸引更多的卖方参与投标竞争，使买方可以选择在某一单项上实力强的卖方。同时也有利于卖方专注于自身经验丰富且技术实力雄厚的部分的建设，但这种方式对于买方的组织管理协调能力提出了较高的要求。

（3）项目分包合同。订立分包合同须满足五个条件：经过买方认可；分包的部分必须是项目非主体工作；只能分包部分项目，而不能转包整个项目；分包方必须具备相应的资质条件；分包方不能再次分包。

按项目付款方式划分通常可将合同分为两大类，即总价合同和成本补偿合同。还有第三种常用合同类型，即混合型的工料合同。

（1）总价合同。总价合同又称固定价格合同，是指在合同中确定一个完成项目的总价，承包人据此完成项目全部合同内容的合同。总价合同又分为以下三类。

1）固定总价合同。固定总价合同（FFP）是最常用的合同类型，大多数买方都喜欢这种合同，因为采购的价格在一开始就被确定，并且不允许改变（除非工作范围发生变更）。因合同履行不好而导致的任何成本增加都由卖方承担。

2）总价加激励费用合同。总价加激励费用合同（FPIF）允许有一定的绩效偏差，并对实现既定目标给予财务奖励，要设置一个价格上限，卖方必须完成工作并且要承担高于上限的全部成本。

3）总价加经济价格调整合同。如果卖方履约要跨越相当长的周期（数年），就应该使用总价加经济价格调整合同（FP-EPA）。如果买方和卖方之间要维持多种长期关系，也可以采用这种合同类型。

（2）成本补偿合同。成本补偿合同又可分为成本加固定费用合同、成本加激励费用合同、成本加奖励费用合同三类。

1）成本加固定费用合同。成本加固定费用合同（CPFF）为卖方报销履行合同工作所发生的一切合法成本（即成本实报实销），并向卖方支付一笔固定费用作为利润，该费用以项目初始估算成本（目标成本）的某一百分比计算。

2）成本加激励费用合同。成本加激励费用合同（CPIF）为卖方报销履行合同工作所发生的一切合法成本（即成本实报实销），并在卖方达到合同规定的绩效目标时，向卖方支付预先确定的激励费用。

在 CPIF 下，如果实际成本大于目标成本，卖方可以得到的付款总数为"目标成本+目标费用+买方应负担的成本超支"；如果实际成本小于目标成本，则卖方可以得到的付款总数为"目标成本+目标费用−买方应享受的成本节约"。

3）成本加奖励费用合同。成本加奖励费用合同（CPAF）为卖方报销履行合同工作所发生的一切合法成本（即成本实报实销），买方再凭自己的主观感觉给卖方支付一笔利润，完全由买方根据自己对卖方绩效的主观判断来决定奖励费用，并且卖方通常无权申诉。

（3）工料合同。工料合同（T&M）是指按项目工作所花费的实际工时数和材料数，按事先确定的单位工时费用标准和单位材料费用标准进行付款。这类合同适用于工作性质清楚、工作范围比较明确，但具体的工作量无法确定的项目。在这种合同下，买方承担中等程度的成本风险，即承担工作量变动的风险，而卖方则承担单价风险。因此，工料合同在金额小、工期短、不复杂的项目上可以有效使用。

1.14.3　合同的内容

一般情况下，项目合同的具体条款由当事人各方自行约定。总地来说，应包括以下各项：项目名称；标的内容和范围；项目的质量要求；项目的计划、进度、地点、地域和方式；项目建设过程中的各种期限；技术情报和资料的保密；风险责任的承担；技术成果的归属；验收的标准和方法；价款、报酬（或使用费）及其支付方式；违约金或者损失赔偿的计算方法；解决争议的方法；名词术语解释。采购合同示例见表 1-14-1。

表 1-14-1　采购合同示例

硬件采购合同

一、设备名称：智能一体机，数量：424 台，品牌型号：希沃 Sa65EC，参数：Windows、Adnroid 双系统、65 寸 1920×1080 分辨率红外触摸屏、超薄插拔式 Intel Core I32300 模块化电脑、内存 DDR3 8G 等。

二、设备验收标准、验收方法：设备到货由双方现场开箱检查，安装完成进行验收测试，符合合同相关参数。

三、设备交付时间、交付地点：按附件要求于 2020 年 7 月 30 日前分批交付，交付地点：××市工委办公楼。

四、设备价款、报酬（或使用费）及其支付方式：18950 元每台，经验收合格后 30 个工作内日甲方支付货款总价的 90%，余款至保修期满且乙方履行保修义务后支付。

五、双方权利及义务：

1. 甲方权利及义务：

（1）协调并提供乙方安装设备时所需水、电等。协调市工委向乙方提供材料、工具的临时存放地以及施工场所。

（2）甲方根据本合同规定按期向乙方支付合同款项。

（3）甲方配合乙方的安装、维护、维修工作。派人监管乙方现场施工情况，甲方现场代表由甲方指定。并负责对乙方设备安装进行验收。

2. 乙方权利及义务：

（1）乙方应严格按照合同要求向甲方供货及安装设备并提供合格证。严格按照国家的规范、标准施工，接受甲方的监督，如有质量问题按规范及合同约定及时整改，并承担返工费用。

（2）设备安装期间乙方应遵守甲方对施工人员的管理要求，并做好安全防护工作，因乙方责任造成的一切事故及损失将由乙方承担。

（3）工程经甲方验收合格后 7 个工作日内，向甲方提供竣工资料（含产品合格证、检验证、隐蔽资料证）一式四套。

六、技术服务及售后服务：设备保修期 1 年，自验收合格之日开始计，在正常的操作和运行条件下，若发现确系由于货物的材料、设计等所导致的质量问题，乙方负全部责任，并免费更换零部件或整机。保修期满后如需乙方继续提供维修服务，双方重新洽谈合同。

七、违约责任：乙方不能按合同约定安装期完工并通过验收（甲方原因除外），应赔偿给甲方造成的经济损失。

八、争议解决办法：合同所产生的一切争议，双方应通过友好协商解决，如协商不成，任何一方可向××市人民法院提起诉讼，费用由败诉方承担。

1.14.4　合同索赔的流程

项目发生索赔事件后，一般先由监理工程师调解，若调解不成，由政府建设主管机构进行调解，若仍调解不成，由经济合同仲裁委员会进行调解或仲裁。在整个索赔过程中，遵循的原则是索赔的有理性、索赔依据的有效性、索赔计算的正确性。索赔具体流程如下。

第一，提出索赔要求。当出现索赔事项时，索赔方以书面的索赔通知书形式，在索赔事项发生后的 28 天内，向监理工程师正式提出索赔意向通知。

第二，报送索赔资料。在索赔通知书发出后的 28 天内，向监理工程师提出延长工期和（或）补偿经济损失的索赔报告及有关资料。索赔报告的内容主要有总论部分、根据部分、计算部分和证据部分。

第三，监理工程师答复。监理工程师在收到送交的索赔报告有关资料后，于 28 天内给予答复，或要求索赔方进一步补充索赔理由和证据。

第四，监理工程师逾期答复后果。监理工程师在收到承包人送交的索赔报告的有关资料后 28 天未予答复或未对承包人作进一步要求，视为该项索赔已经认可。

第五，持续索赔。当索赔事件持续进行时，索赔方应当阶段性地向监理工程师发出索赔意向，在索赔事件终了后 28 天内，向监理工程师送交索赔的有关资料和最终索赔报告，监理工程师应在 28 天内给予答复或要求索赔方进一步补充索赔理由和证据。逾期未答复，视为该项索赔成立。

第六，仲裁与诉讼。监理工程师对索赔的答复，索赔方或发包人不能接受，即进入仲裁或诉讼程序。

1.15　项目变更管理论文重要知识点

1.15.1　变更管理过程

项目变更管理指在信息系统工程建设项目的实施过程中，由于项目环境或者其他的原因而对项目的功能、性能、架构、技术指标、集成方法、项目进度等方面做出的改变。

变更管理的实质，是根据项目推进过程中越来越丰富的项目认知，不断调整项目努力方向和资源配置，最大限度地满足项目需求，提升项目价值。

项目变更管理包括八个过程。

1. 变更申请

变更提出应当及时以正式方式进行，并留下书面记录。变更的提出可以是各种形式，但在评估前应以书面形式提出。项目的干系人都可以提出变更申请，但一般情况下都需要经过指定人员进行审批，一般项目经理，或者项目配置管理员负责该相关信息的收集，以及对变更申请的初审。

2. 对变更的初审

变更初审的目的包括：①对变更提出方施加影响，确认变更的必要性，确保变更是有价值的；②格式校验，完整性校验，确保评估所需信息准备充分；③在干系人间就提出供评估的变更信息达成共识。

变更初审的常见方式为变更申请文档的审核流转。

3. 变更方案论证

变更方案的主要作用，首先是对变更请求能否实现进行论证，如果可能实现，则将变更请求由技术要求转化为资源需求，以供 CCB 决策。常见的方案内容包括技术评估和经济评估，前者评估需求如何转化为成果，后者评估变更方面的经济价值和潜在的风险。

对于一些大型的变更，可以召开相关的变更方案论证会议，聘请相关技术和经济方面的专家进行相关论证，并将相关专家意见作为项目变更方案的一部分，报项目变更控制委员会作为决策参考。

4. 变更审查

审查过程，是项目所有者根据变更申请及评估方案，决定是否变更项目基准。评审过程常包括客户、相关领域的专业人士等。审查通常是文档会签形式，重大的变更审查可以包括正式会议形式。

审查过程应注意分工，项目投资人虽有最终的决策权，但通常技术上并不专业。所以应当在评审过程中将专业评审、经济评审分开，对涉及项目目标和交付成果的变更，客户的意见应放在核心位置。

5. 发出通知并实施

评审通过，意味着基准的调整，同时确保变更方案中的资源需求及时到位。

变更通知不只是包括项目实施基准的调整，更要明确项目的交付日期、成果对相关干系人的影响。如果变更造成交付期调整，应在变更确认时发布，而非在交付前公布。

6. 实施监控

要监控的除了调整过的基准与涉及变更的内容外，还应当对项目的整体基准是否反映项目实施情况负责。通过监控行动，确保项目的整体实施工作是受控的。

变更实施的过程监控，通常由项目经理负责基准的监控。管理委员会监控变更明确的主要成果、进度里程碑等，可以通过监理单位完成。

7. 变更效果评估

变更效果评估的关注内容主要包括：①评估依据是项目的基准；②结合变更的目标，评估变更所要达到的目的是否已达成；③评估变更方案中的技术论证、经济论证内容与实施过程的差距，并促使解决。

8. 变更收尾

变更收尾是判断发生变更后的项目是否已纳入正常轨道。配置基准调整后，需要确认资源配置是否及时到位，若涉及人员的调整，则需要更加关注。变更完成后对项目的整体监控应按新的基准进行。若涉及变更的项目范围及进度，则在变更后的紧邻监控中，应更多地关注、确认新的基准生效情况，及项目实施流程的正常使用情况。

1.15.2 变更的常见原因

变更的常见原因包括：①产品范围（成果）定义的过失或者疏忽；②项目范围（工作）定义的过失或者疏忽；③增值变更；④应对风险的紧急计划或回避计划；⑤项目执行过程与基准要求不一致带来的被动调整；⑥外部事件等。

1.15.3　变更管理的原则

变更管理的原则是项目基准化、变更管理过程规范化，包括以下内容。

1. 基准管理

基准是变更的依据。在项目实施过程中，基准计划确定并经过评审后（通常用户应参与部分评审工作），建立初始基准。此后每次变更通过评审后，都应重新确定基准。

2. 变更控制流程化

建立或选用符合项目需要的变更管理流程，所有变更都必须遵循这个控制流程进行控制。流程化的作用在于将变更的原因、专业能力、资源运用方案、决策权、干系人的共识、信息流转等元素有效综合起来，按科学的顺序进行。

3. 明确组织分工

至少应明确变更相关工作的评估、评审、执行的职能。

4. 评估变更的可能影响

变更的来源是多样的，既需要完成对客户可视的成果、交付期等变更操作，还需要完成对客户不可视的项目内部工作的变更，如实施方的人员分工、管理工作、资源配置等。

5. 妥善保存变更产生的相关文档

需确保相关文档完整、及时、准确、清晰，适当时可以引入配置管理工具，国内使用较多的配置工具有 Rational ClearCase、Visual SourceSafe 和 Concurrent Versions System。

1.15.4　变更角色与职责

（1）项目经理在变更中的作用是：响应变更提出者的需求；评估变更对项目的影响及应对方案；将需求由技术要求转化为资源需求，供授权人决策；根据评审结果实施（即调整基准），确保项目基准反映项目实施情况。

（2）变更管理负责人，也称变更经理，通常是变更管理过程解决方案的负责人，其主要职责包括：①负责整个变更过程方案的结果；②负责变更管理过程的监控；③负责协调相关的资源，保障所有变更按照预定过程顺利运作；④确定变更类型，组织变更计划和日程安排；⑤管理变更的日程安排；⑥变更实施完成之后的回顾和关闭；⑦承担变更相关责任，并且具有相应权限；⑧可能以逐级审批形式或团队会议的形式参与变更的风险评估和审批等。

（3）变更请求者负责记录与提交变更请求单，具体为：①提交初步的变更方案和计划；②初步评价变更的风险和影响，给变更请求设定适当的变更类型；③对理解变更过程有能力要求等。

（4）变更顾问委员会负责对重大变更行使审批，提供专业意见和辅助审批，具体为：①在紧急变更时，其中被授权者行使审批权限；②定期听取变更经理汇报，评估变更管理执行情况，必要时提出改进建议等。

1.15.5　版本发布前的准备工作

版本发布前的准备工作包括：①进行相关的回退分析；②备份版本发布所涉及的存储过程、函数等其他数据的存储及回退管理；③备份配置数据，包括数据备份的方式；④备份在线生产平台接口、应用、工作流等版本；⑤启动回退机制的触发条件；⑥对变更回退的机制职责的说明。

1.15.6　变更回退步骤

变更回退步骤通常包括：①通知相关用户系统开始回退；②通知各关联系统进行版本回退；③回退存储过程等数据对象；④配置数据回退；⑤应用程序、接口程序、工作流等版本回退；⑥回退完成通知各周边关联系统；⑦回退后进行相关测试，保证回退系统能够正常运行；⑧通知用户回退完成等。

1.16　项目绩效域论文重要知识点

1.16.1　干系人绩效域

（1）**项目绩效域定义**：是一组对有效地交付项目成果至关重要的活动。包括干系人、团队、开发方法和生命周期、规划、项目工作、交付、测量、不确定性八个项目绩效域。这八个项目绩效域构成一个整体，相互依赖，并没有特定的执行顺序和权重。

（2）**干系人绩效域的绩效要点**：重点促进干系人的参与。为了让干系人有效地参与，项目经理可带领项目团队按识别—理解—分析—优先级排序—参与—监督这几个步骤反复开展工作。

（3）干系人绩效域的预期目标主要包含：①与干系人建立高效的工作关系；②干系人认同项目目标；③支持项目的干系人提高了满意度，并从中受益；④反对项目的干系人没有对项目产生负面影响。

（4）干系人绩效域与其他绩效域的关系：

1）交付绩效域：确定项目可交付物和项目成果的验收标准。

2）项目团队绩效域：为项目团队定义需求和项目范围并排序。

3）规划绩效域：参与并制定规划。

4）度量绩效域：干系人将重点关注项目及可交付物绩效的测量。

（5）干系人绩效域的检查方法见表 1-16-1。

表 1-16-1　干系人绩效域的检查方法

预期目标	指标及检查方法
建立高效的工作关系	**干系人参与的连续性**：通过观察、记录方式，对干系人参与的连续性进行衡量
干系人认同项目目标	**变更的频率**：对项目范围、产品需求的大量变更或修改可能表明干系人没有参与进来或与项目目标不一致

预期目标	指标及检查方法
提高支持项目的干系人的满意度，减少反对者的负面影响	• **干系人行为**：干系人的行为可表明项目受益人是否对项目感到满意和表示支持，或者他们是否反对项目 • **干系人满意度**：可通过调研、访谈和焦点小组方式，确定干系人满意度，判断干系人是否感到满意和表示支持，或者他们对项目及其可交付物是否表示反对 • **干系人相关问题和风险**：对项目问题日志和风险登记册的审查可以识别与单个干系人有关的问题和风险

1.16.2　团队绩效域

（1）**团队绩效域定义**：涉及项目团队人员有关的活动和职能。在项目整个生命周期过程中，有效执行本绩效域可以实现预期目标，主要包含：①共享责任；②建立高绩效团队；③所有团队成员都展现出相应的领导力和人际关系技能。

（2）**团队绩效域的绩效要点**：**项目团队文化**（主要包括透明、诚信、尊重、积极的讨论、支持、勇气和庆祝成功）；**高绩效项目团队**（采用方式有开诚布公地沟通、共识、共享责任、信任、协作、适应性、韧性、赋能、认可）；**领导力技能**［主要特征和活动包括建立和维护愿景；批判性思维；激励；人际关系技能（情商、决策、冲突管理）］。

（3）团队绩效域与其他绩效域的**相互作用**：已经融入了项目的各个方面。例如，在进行规划时和干系人沟通项目愿景和收益；在参与项目工作时运用批判性思维解决问题和决策。

（4）团队绩效域的检查方法见表 1-16-2。

表 1-16-2　团队绩效域的检查方法

预期目标	指标及检查方法
共享责任	**目标和责任心**：所有项目团队成员都了解愿景和目标。项目团队对项目的可交付物和项目成果承担责任
建立高绩效团队	• **信任与协作程度**：项目团队彼此信任，相互协作 • **适应变化的能力**：项目团队适应不断变化的情况，并在面对挑战时有韧性 • **彼此赋能**：项目团队感到被赋能，同时项目团队对其成员赋能并认可
所有团队成员都展现出相应的领导力和人际关系技能	**管理和领导力风格适宜性**：项目团队成员运用批判性思维和人际关系技能；项目团队成员的管理和领导力风格适合项目的背景和环境

1.16.3　开发方法和生命周期绩效域

（1）开发方法和生命周期绩效域定义：涉及与项目的开发方法、节奏和生命周期相关的活动和职能。**预期目标主要包含**：①开发方法与项目可交付物相符合；②将项目交付与干系人价值紧密关联；③项目生命周期由促进交付节奏的项目阶段和产生项目交付物所需的开发方法组成。

（2）开发方法和生命周期绩效域的**绩效要点**：交付节奏（一次性、多次交付、定期交付和持续交付）；开发方法（是预测型方法、混合型方法和适应型方法）；开发方法的选择（产品、服务或成果、项目、组织）；协调交付节奏和开发方法。

（3）开发方法的三个类型见表 1-16-3。

表 1-16-3　开发方法的三个类型

开发方法	特点	适用项目
预测型方法	相对稳定，范围、进度、成本、资源和风险可以在项目生命周期的**早期阶段进行明确定义**；能够在项目早期降低很多不确定性因素并提前完成大部分规划工作。少发生变更。可以借鉴以前类似项目的模板	一开始时可以定义、收集和分析项目和产品的需求，涉及重大投资和高风险的项目，需要频繁审查、改变控制机制以及在开发阶段之间重新规划时的项目
混合型方法	是适应型方法和预测型方法的结合体，该方法中预测型方法的要素和适应型方法的要素均会涉及。混合型方法的适应性比预测型方法强，但比纯粹的适应型方法的适应性弱。常使用迭代型方法或增量型方法	当需求存在不确定性或风险时，当可交付物可以模块化时，或者由不同项目团队开发可交付物时的项目
适应型方法	适应型方法在项目开始时确立了明确的愿景，之后在项目进行过程中在最初已知需求的基础上，按照用户反馈、环境或意外事件来不断完善、说明、更改或替换。敏捷方法可以视为一种适应型方法	当需求面临高度的不确定性和易变性，且在整个项目期间不断变化时的项目

（4）迭代型方法和增量型方法的区别：

- 迭代型方法适合于澄清需求和调查各种可选项，在最后一个迭代之前，迭代型方法可以完成可接受的全部功能。
- 增量型方法用于在一系列迭代过程中生成可交付物，每个迭代都会在预先确定的时间期限（时间盒）内增加功能，该可交付物包含的功能只有在最后一个迭代结束后才被完成。

（5）开发方法和生命周期绩效域与其他绩效域的**相互作用**：开发方法和生命周期绩效域与干系人绩效域、规划绩效域、不确定性绩效域、交付绩效域、项目工作绩效域和团队绩效域相互作用。

（6）开发方法和生命周期绩效域的检查方法见表 1-16-4。

表 1-16-4　开发方法和生命周期绩效的检查方法

预期目标	指标及检查方法
开发方法与项目可交付物相符合	**产品质量和变更成本**：采用适宜的开发方法（预测型、混合型或适应型），可交付物的产品质量比较高，变更成本相对较小
将项目交付与干系人价值紧密联系	**价值导向型项目阶段**：按照价值导向将项目工作从启动到收尾划分为多个项目阶段，项目阶段中包括适当的退出标准
项目生命周期由促进交付节奏的项目阶段和产生项目交付物所需的开发方法组成	**适宜的交付节奏和开发方法**：如果项目具有多个可交付物，且交付节奏和开发方法不同，可将生命周期阶段进行重叠或重复

1.16.4 项目规划绩效域

（1）**规划绩效域定义**：涉及整个项目期间组织与协调相关的活动与职能，这些活动和职能是最终交付项目和成果所必需的。**预期目标主要包含**：①项目以有条理、协调一致的方式推进；②应用系统的方法交付项目成果；③对演变情况进行详细说明；④规划投入的时间成本是适当的；⑤规划的内容对管理干系人的需求而言是充分的；⑥可以根据新出现的和不断变化的需求进行调整。

（2）规划绩效的**绩效要点**包括：规划的影响因素；项目估算；项目团队的组成和结构规划；沟通规划；实物资源规划；采购规划；变更规划；度量指标和一致性。

（3）项目估算方法包括：确定性估算和概率估算、绝对估算和相对估算、基于工作流的估算、对不确定性的调整估算。

（4）**规划绩效域与其他绩效域的相互作用**：①项目开始时，会确定预期成果，并制订实现这些成果的高层级计划；②在项目团队规划如何应对不确定性和风险时，不确定性绩效域和规划绩效域会相互作用；③在整个项目执行过程中，规划将指导项目工作、成果和价值的交付。

（5）规划绩效域的检查方法见表 1-16-5。

表 1-16-5　规划绩效域的检查方法

预期目标	指标及检查方法
项目以有条理、协调一致的方式推进	绩效偏差：对照项目基准和其他度量指标对项目结果进行绩效审查表明项目正在按计划进行，绩效偏差处于临界值范围内
应用系统的方法交付项目成果	规划的整体性：交付进度、资金提供、资源可用性、采购等表明项目是以整体方式进行规划的，没有差距或不一致之处
对演变情况进行详细说明	规划的详尽程度：与当前信息相比，可交付物和需求的初步信息是适当的、详尽的；与可行性研究与评估相比，当前信息表明项目可以生成预期的可交付物和成果
规划投入的时间成本是适当的	规划适宜性：项目计划和文件表明规划水平适合于项目
规划的内容对管理干系人的需求而言是充分的	规划的充分性：沟通管理计划和干系人信息表明沟通足以满足干系人的期望
可以根据新出现的和不断变化的需求进行调整	可适应变化：采用待办事项列表的项目，在整个项目期间会对各个计划做出调整。采用变更控制过程的项目具有变更控制委员会，会议的变更日志和文档表明变更控制过程正在得到应用

1.16.5 项目工作绩效域

（1）**项目工作绩效域定义**：涉及项目工作相关的活动和职能。项目工作可使项目团队保持专注，并使项目活动顺利进行。**预期目标主要包含**：①高效且有效的项目绩效；②适合项目和环境的项目过程；③干系人适当的沟通和参与；④对实物资源进行了有效管理；⑤对采购进行了有效管理；⑥有效处理了变更；⑦通过持续学习和过程改进提高了团队能力。

（2）项目工作绩效的**绩效要点**包括：项目过程；项目制约因素；专注于工作过程和能力；

管理沟通和参与；管理实物资源；处理采购事宜；监督新工作和变更；学习与持续改进。

（3）**项目工作绩效域与项目的其他绩效域的相互作用**：①项目工作可促进并支持有效率且有效果的规划、交付和度量；②项目工作可为项目团队互动和干系人参与提供有效的环境；③项目工作可为驾驭不确定性、模糊性和复杂性提供支持，平衡其他项目制约因素。

（4）项目工作绩效域的检查方法见表 1-16-6。

表 1-16-6　项目工作绩效域的检查方法

预期目标	指标及检查方法
高效且有效的项目绩效	**状态报告**：通过状态报告可以表明项目工作有效率且有效果
适合项目和环境的项目过程	**过程的适宜性**：证据表明，项目过程是为满足项目和环境的需要而裁剪的相关性和有效性；过程审计和质量保证活动表明，过程具有相关性且正得到有效使用
干系人适当的沟通和参与	**沟通有效性**：项目沟通管理计划和沟通文件表明，所计划的信息与干系人进行了沟通，如有新的信息沟通需求或误解，可能表明干系人的沟通和参与活动缺乏成效
对实物资源进行有效管理	**资源利用率**：所用材料的数量、抛弃的废料和返工量表明，资源正得到高效利用
对采购进行有效管理	**采购过程适宜**：采购审计表明，所采用的适当流程足以开展采购工作，而且承包商正在按计划开展工作
有效处理变更	**变更处理情况**：使用预测型方法的项目已建立变更日志，该日志表明，正在对变更做出全面评估，同时考虑了范围、进度、预算、资源、干系人和风险的影响；采用适应型方法的项目已建立待办事项列表，该列表显示完成范围的比率和增加新范围的比率
通过持续学习和过程改进提高团队能力	**团队绩效**：团队状态报告表明错误和返工减少，而效率提高

1.16.6　交付绩效域

（1）**交付绩效域定义**：涉及与交付项目相关的活动和职能。**预期目标主要包含**：①项目有助于实现业务目标和战略；②项目实现了预期成果；③在预定时间内实现了项目收益；④项目团队对需求有清晰的理解；⑤干系人接受项目可交付物和成果，并对其满意。

在项目整个生命周期过程中，为了有效执行交付绩效域，项目经理需要重点关注价值的交付、可交付物、质量。

（2）交付绩效域的**绩效要点**包括：价值的交付；可交付物；质量。

（3）**交付绩效域与其他绩效域的相互作用**：**交付绩效域是在规划绩效域中所执行所有工作的终点**。交付节奏基于开发方法和生命周期绩效域中工作的结构方式。项目工作绩效域通过建立各种过程、管理实物资源、管理采购等促使交付工作。项目团队成员在此绩效域中执行工作，工作性质会影响项目团队驾驭不确定性的方式。

（4）交付绩效域的检查方法见表 1-16-7。

表 1-16-7　交付绩效域的检查方法

预期目标	指标及检查方法
项目有助于实现业务目标和战略	目标一致性：组织的战略计划、可行性研究报告以及项目授权文件表明，项目可交付物和业务目标保持一致
项目实现预期成果	项目完成度：项目基础数据表明，项目仍处于正轨，可实现预期成果
在预定时间内实现项目收益	项目收益：进度表明财务指标和所规划的交付正在按计划实现
项目团队对需求有清晰的理解	需求稳定性：在预测型项目中，初始需求的变更很少，表明对需求的真正理解度较高。在需求不断演变的适应型项目中，项目进展中阶段性需求确认反映了干系人对需求的理解
干系人接受项目可交付物和成果，并对其满意	干系人满意度：访谈、观察和最终用户反馈可表明干系人对可交付物的满意度；质量问题：投诉或退货等质量相关问题的数量也可用于表示满意度

1.16.7　度量绩效域

（1）**度量绩效域定义**：涉及评估项目绩效和采取应对措施相关的活动和职能。度量是评估项目绩效，并采取适当的应对措施，以保持最佳项目绩效的过程。**预期目标主要包含**：①对项目状况充分理解；②数据充分，可支持决策；③及时采取行动，确保项目最佳绩效；④能够基于预测和评估作出决策，实现目标并产生价值。

（2）度量绩效域的**绩效要点**包括：制订有效的度量指标；度量内容及相应指标；展示度量信息和结果；度量陷阱；基于度量进行诊断；持续改进。

（3）**度量绩效域与规划绩效域、项目工作绩效域和交付绩效域的相互作用**：①规划构成了交付和规划比较的基础；②度量绩效域通过提供最新信息来支持规划绩效域的活动；③在项目团队成员制订计划并创建可度量的可交付物时，团队绩效域和干系人绩效域会相互作用；④当不可预测的事件发生时，它们会影响项目绩效，从而影响项目的度量指标；⑤作为项目工作的一部分，应与项目团队和其他干系人合作，以便制订度量指标、收集数据、分析数据、做出决策并报告项目状态。

（4）度量绩效域的检查方法见表 1-16-8。

表 1-16-8　度量绩效域的检查方法

预期目标	指标及检查方法
对项目状况充分理解	度量结果和报告：通过审计度量结果和报告，可表明数据是否可靠
数据充分，可支持决策	度量结果：度量结果可表明项目是否按预期进行，或者是否存在偏差
及时采取行动，确保项目最佳绩效	度量结果：度量结果提供了提前指标以及当前状态，可导致及时的决策和行动

续表

预期目标	指标及检查方法
能够基于预测和评估作出决策，实现目标并产生价值	工作绩效数据：回顾过去的预测和当前的工作绩效数据可发现，以前的预测是否准确地反映了目前的情况。将实际绩效与计划绩效进行比较，并评估业务文档，可表明项目实现预期价值的可能性

1.16.8 不确定性绩效域

（1）不确定性的意义包含风险、模糊性和复杂性。

（2）**不确定性绩效域定义**：涉及与不确定性相关的活动和职能。**预期目标主要包含**：①了解项目的运行环境，包括技术、社会、政治、市场和经济环境等；②积极识别、分析和应对不确定性；③了解项目中多个因素之间的相互依赖关系；④能够对威胁和机会进行预测，了解问题的后果；⑤最小化不确定性对项目交付的负面影响；⑥能够利用机会改进项目的绩效和成果；⑦有效利用成本和进度储备，与项目目标保持一致等。

（3）不确定性绩效域的**绩效要点**包括：风险；模糊性；复杂性；不确定性的应对方法。

（4）**不确定性绩效域与其他绩效域的相互作用**：①随着规划的进行，可将减少不确定性和风险的活动纳入计划。这些活动是在交付绩效域中执行的，度量可以表明随着时间的推移风险级别是否会有所变化；②在应对各种形式的不确定性方面，项目团队成员和其他干系人可以提供信息、建议和协助；③生命周期和开发方法的选择将影响不确定性的应对方式。

（5）不确定性绩效域的检查方法见表 1-16-9。

表 1-16-9 不确定性绩效域的检查方法

预期目标	指标及检查方法
了解项目的运行环境，包括技术、社会、政治、市场和经济环境等	环境因素：团队在评估不确定性、风险和应对措施时考虑了环境因素
积极识别、分析和应对不确定性	风险应对措施：与项目制约因素的优先级排序保持一致
了解项目中多个因素之间的相互依赖关系	应对措施适宜性：应对风险、复杂性和模糊性的措施适合于项目
能够对威胁和机会进行预测，了解问题的后果	风险管理机制或系统：用于识别、分析和应对风险的系统非常强大
最小化不确定性对项目交付的负面影响	项目绩效处于临界值内：满足计划的交付日期，预算执行情况处于偏差临界值内
能够利用机会改进项目的绩效和成果	利用机会的机制：团队使用既定机制来识别和利用机会
有效利用成本和进度储备，与项目目标保持一致	储备使用：团队采取步骤主动预防威胁，有效使用成本或进度储备

论文要求与应对策略

信息系统项目管理师的论文考试只有一个题目，考试要对论文的要求进行论述。要写好一篇论文，首先要熟悉评分标准。

2.1 论文判卷评分标准

一、论文满分是 75 分，论文评分可分为优良、及格与不及格三个档次

60 分至 75 分优良（相当于百分制 80 分至 100 分）。

45 分至 59 分及格（相当于百分制 60 分至 79 分）。

0 分至 44 分不及格（相当于百分制 0 分至 59 分）。

评分时可先用百分制进行评分，然后转化为以 75 分为满分（乘以 0.75）。

二、建议具体评分时，参照每一试题相应的"解答要点"中提出的要求，对照下述五个方面进行评分

（1）切合题意（30%）。

无论是管理论文、理论论文，还是实践论文，都需要切合解答要点中的一个主要方面或者多个方面进行论述。可分为非常切合、较好地切合与基本上切合三档。

（2）应用深度与水平（20%）。

可分为有很强的、较强的、一般的与较差的独立工作能力四档。

（3）实践性（20%）。

可分为如下四档：有大量实践和深入的专业级水平与体会；有良好的实践与切身体会和经历；有一般的实践与基本合适的体会；有初步实践与比较肤浅的体会。

（4）表达能力（15%）。

可从逻辑清晰、表达严谨、文字流畅和条理分明等方面分为三档。

（5）综合能力与分析能力（15%）。

可分为很强、比较强和一般三档。

三、下述情况的论文，需要适当扣分

（1）有较多错别字的论文。

（2）正文基本上只是按照条目方式逐条罗列叙述的论文。

（3）确实属于过分自我吹嘘或自我标榜、夸大其词的论文。

（4）内容有明显错误和漏洞的，按同一类错误每一类扣一次分。

（5）内容仅属于大学生或研究生实习性质的项目，并且其实际施用背景的水平相对较低的论文。

可考虑扣 5 分到 10 分。

四、下述情况之一的论文，不能给予及格分数

（1）虚构情节，文章中有较严重的不真实的或者不可信的内容出现的论文。

（2）未能详细讨论项目开发的实际经验、主要从书本知识和根据资料摘录进行讨论的论文。

（3）所讨论的内容与方法过于陈旧、或者项目的水准相对非常低下的论文。例如，数据库设计仅讨论了 FoxPro 且没有鲜明特色的应用；开发的是仅能用单机版的（孤立型的）规模很小的并且没有特色的应用项目。

（4）内容不切题意，或者内容相对很空洞、基本上是泛泛而谈且没有较深入体会的论文。

（5）正文的篇幅过于短小的论文（如正文少于 2000 字）。

（6）文理很不通顺、错别字很多、条理与思路不清晰等情况相对严重的论文。

五、下述情况，可考虑适当加分

（1）有独特的见解或者有着很深入的体会，相对非常突出的论文。

（2）起点很高，确实符合当今计算机应用系统发展的新趋势与新动向，并能初步加以实现的论文。

（3）内容翔实、体会中肯、思路清晰、非常切合实际的论文。

（4）项目难度很高，或者项目完成的质量优异，或者项目涉及国家重大信息系统工程且作者本人参加并发挥重要作用，并且能正确按照试题要求论述的论文。

可考虑加 5 分到 10 分。

2.2　得分要点

根据上述论文评分标准，我们可以先大体找到论文写作的得分要点。下面我们以 2020 年下半年考试中的论文题目《成本管理》为例来进行说明。

题目：成本管理

1．概要叙述你参与管理过的信息系统项目（项目的背景、项目规模、发起单位、目的、项目内容、组织结构、项目周期、交付的成果等），并说明你在其中承担的工作（项目背景要求本人真实经历，不得抄袭及杜撰）。

2. 请结合你所叙述的信息系统项目，围绕以下要点，论述你对信息系统项目成本管理的认识，并总结你的心得体会。

（1）项目成本管理的过程。

（2）项目预算的形成过程。

本题得分要点见表 2-2-1。

表 2-2-1　论文得分要点

得分项	具体要点	得分范围
项目背景（共 10 分）	项目背景真实，符合当今技术发展潮流，内容能完全体现项目规模、发起单位、目的、项目内容、组织结构、项目周期、交付的成果以及作者在其中承担的工作等。语言简洁精练、字数适中，论题明确	0～10 分
正文（共 30 分）	成本管理过程正确，每个管理过程均能结合项目背景写出输入、工具与技术、输出	每个 3 分，共 12 分
	正面响应论文要求，结合项目背景写出完整的成本预算过程	0～18 分
结尾（共 10 分）	结尾部分描述： （1）实施效果评价 （2）成功经验总结及存在问题和相关解决措施 （3）心得体会	0～10 分
文字和书面表达能力（共 10 分）	文章完整且合理、语句流畅、逻辑清晰、主题明确	0～10 分
综合应用能力（共 15 分）	项目完整、真实有特色、管理效果明显、有较强的实践性和应用深度水平	0～15 分

2.3　论文写作的一般要求

2.3.1　格式要求

一个好的格式，会让阅卷老师一目了然。

信息系统项目管理师的论文分为三个主要部分：项目背景、正文和收尾。考试的时候，明确要求论文总字数不得少于 2000 字，实际考试中建议论文总字数控制在 3500 字左右。

（1）项目背景格式要求。项目背景的字数通常 600 字左右，内容要简短精练，明确具体，需要对项目进行介绍，突出要写的论文主题。

（2）正文格式要求。正文的字数通常在 2000 字左右，按照论文要求进行详细论述。

（3）收尾格式要求。收尾的字数通常在 400 字左右，对项目进行组织过程资产总结。

2.3.2 项目背景要求

项目背景作为论文的开头，考试要求是概要叙述你参与管理过的信息系统项目（项目的背景、项目规模、发起单位、目的、项目内容、组织结构、项目周期、交付的成果等），并说明你在其中承担的工作（项目背景要求本人真实经历，不得抄袭及杜撰）。根据以上，建议以最近三年的信息系统项目为自己的论文背景，项目必须是真实的、合理的和规范性的，明确具体，阐清自己的论点，突出考试中相关知识域及过程，突出论文的其他相关要求。

项目背景可分为一个或两个段落，下面给出对应的常见格式。

一、项目背景的一段格式

××年××月**（注意写近三年的项目）**，我参加了××信息系统项目建设**（注意是非涉密项目）**，担任××（**自己的工作角色**）。该项目共投资××万元（**建议 200 万元以上、1000 万元以下**），工期××（**工期时长通常以月为单位**）。通过该项目的建设，实现了××（**项目建设背景、可交付成果、功能等**），该项目特点是需求复杂、干系人众多等（**引出要写的主题**），因而项目的××管理显得尤为重要。在项目实施过程中，我通过××措施（**紧扣论题**），从而按期顺利通过了客户的验收。本文我结合自身实践，以该项目为例，从××几方面（**写出论文要求写的管理领域的具体管理过程名称**）论述了信息系统项目的××管理。

二、项目背景的两段格式

为实现××（**项目背景、功能介绍**），××公司（**发起人姓名、单位**）启动了××信息系统建设项目，并对项目进行了公开招标，我公司顺利中标。我公司为××型组织（**组织结构类型**），××年××月，我以××参与（主持）了该项目的建设（**写在项目中承担的角色，一般写项目经理**）。该项目共投资××万元，建设工期为×个月，××年×月获得验收。该信息系统是××（**写功能、系统组成、技术架构等**）。

由于本项目××（**写项目特点，引出要写的主题**），因而项目的××管理显得尤为重要。项目××管理是××（介绍××管理的内容、作用或意义）。在项目实施过程中，我采取××措施（**紧扣论题**），最终顺利完成了项目工作。本文以该项目为例，从××几方面论述了信息系统项目的××管理（**写出论文要求写的管理领域的具体管理过程名称**）。

2.3.3 正文要求

正文就是按所选论文题目，在相关内容中充分体现题目的要求，具体内容要合理、真实、丰满，多实际工作。通常以自己所选知识域的过程为主线，一个过程为一个或两个段落，每个段落字数控制在 300～400 字（**根据管理领域中管理过程的多少进行适当的增减，如质量管理只有三个管理过程，则每个管理过程的字数相应增加；如进度管理有六个管理过程，每个管理过程的字数则相应减少，总字数控制在 2000 字左右**），然后详细地说明你在这个项目中，作为优秀的项目经理，怎样运用所学的知识，进行实际工作，得到客户满意的结果。

下面以成本管理为例，给出一个正文写作的格式示例。

一、规划成本管理，为成本管理提供方向和指南（可只写管理过程名称，也可加副标题，副标题是对管理过程的解释说明或总结，如果采用副标题，语言一定要简洁精练、准确）。

写具体内容，要求结合项目背景写出输入、工具与技术和输出的应用，同时还要看论文要求，论文要求要在管理过程中进行明确响应，一般先写管理过程的定义、作用，接着写输入，然后结合项目背景写工具与技术的应用和在实际管理过程中出现的问题，如何解决，然后写输出，最后总结，承上启下。通常采用总分总的结构。

二、估算成本，确定项目工作所需的成本数额。

三、制定预算，确定项目成本基准，为监督和控制成本绩效提供依据……

四、控制成本，监督成本绩效，降低项目风险……

2.3.4　收尾要求

收尾作为论文的最后一部分，就是组织过程资产总结，起画龙点睛的作用。常见格式如下。

经过全体团队成员的共同努力，我们按期完成了项目，实现了××（**写项目目标**），顺利通过了业主方组织的验收，得到了双方领导的一致好评。本项目的成功离不开我××（**写具体措施，成功经验，紧扣论文要求写的内容，可以起到画龙点睛的作用**）。当然，在本项目中也还存在一些不足，如××（**写一些无关紧要的不足，且不足不是管理原因造成的**）。我通过采取××（**写解决措施，要体现作者作为项目经理的水平，先抑后扬**）。在今后的项目管理工作中，我将××（**写写今后打算，表明决心**）。

2.4　论文写作策略与技巧

2.4.1　论文写作策略

信息系统项目管理师的论文考试通常都是 1 个题目，考试时间是 120 分钟，题目都会有具体的要求，因此审读论文要求相当重要。其次就是掌握好考试时间，因为下午论文是与案例一起考，案例时间可以节省下来用来写论文，论文字数不能少于 2000 字，如果字数太少很多内容写不到，字数太多又写不完，因此论文字数控制在 2500 字左右最为合适。实际考试中，时间的分配也很重要，建议审题 5 分钟，构思 15 分钟，书写论文 60～80 分钟，检查调整 20 分钟。

开考后认真审读论文的具体要求，然后进行初步构思。根据构思去写，这样思维走在写的前面，就不会出现卡顿的现象。第一时间把项目背景内容写好。

项目论文实际内容，按照考核知识域，一个过程或一个要求就是一个或两个段落，每个管理过程前加序号，如"一、规划成本管理……"，单独为一行，可加小标题来说明自己要写的内容，然后再是段落的内容，做到层次分明，一目了然地让阅卷老师知道自己要写的内容。内容必须是具体的实际工作，依据现实工作中的资料和情况，采用某个工具与技术，得到了具体的结果，这样就做到了理论和实际的结合。正文中特别注重的是输出，因此这里特别要注意的是论文对过程中的要求，一定要体现在内容中，不能一句话都没有或一句话带过，而且必须是实际工作的内容。

最后的段落就是项目总结，因此在该部分要写项目的实际完成时间和实际完成成本，总结该项目的优点和存在的不足。对于存在的不足采取了什么措施进行纠正，然后解决了该问题。在总结的内容部分，还需响应论文的相关要求，做到前后响应。最后加上一些修饰语作为论文的结束语，比如在项目管理的路上，学习永无尽头，我会努力学习，努力工作，为中国信息化建设作出自己的贡献等。

2.4.2　论文写作技巧

历年论文真题分为以下两种题型。

（1）十大管理知识域论文。

十大管理知识域论文，考点主要是十大知识域其中的一个或多个知识域，然后根据资料，阐述实际工作中作为项目经理，如何对一个或多个知识域的管理过程进行管理，它的主要内容包括输入、输出、工具与技术以及执行过程中的要点，其目的是什么，起到了什么作用等。因此，要充分理解十大知识域的内容和作用，以及 49 个过程的输入、工具与技术、输出、执行要点。

十大管理知识域论文可以分为以下三个部分。

第一部分：概要叙述参与管理过的信息系统项目（项目的背景、项目规模、发起单位、目的、项目内容、组织结构、项目周期、交付的产品等），在项目中的职责，并切入论文的论题。

第二部分：按论文要求，分别在"输入""工具与技术"和"输出"三个方面结合实际工作论述该知识域（也有可能多个知识域）的每一个过程具体如何进行管理，并满足论文要求。

第三部分：做好整个论文的组织过程资产总结，论述在项目中遇到的问题与解决方案，本项目通过有效的管理所取得的实际效果。用实际例子描述哪些做得好，哪些需要改进。

（2）非十大管理知识域论文。

非十大管理知识域论文，考点主要就是相应管理的管理内容或要点，如绩效域、合同管理等，一般要求根据资料阐述实际工作中作为项目经理，如何对其进行管理。主要就是要结合项目背景，去描述如何进行××管理的。比如合同管理，就要从合同签订、合同履行、合同变更、合同档案、合同违约索赔五个内容去描述；如项目工作绩效域，就是从工作绩效域的 8 个绩效要点去展开描述。

非十大管理知识域论文，可以分为以下三个部分。

第一部分：概要叙述参与管理过的信息系统项目（项目的背景、项目规模、发起单位、目的、项目内容、组织结构、项目周期、交付的产品等），在项目中的职责，并切入论文的论题。

第二部分：按论文要求，分别从管理内容或管理要点上去展开论述，主要写具体怎么管理，因为非十大知识域没有输入、输出和工具，更加强调实践，最重要的是一定要满足论文要求。

第三部分：做好整个论文的组织过程资产总结，总结它们之间的联系和影响，在项目中遇到的问题与解决方案，本项目通过有效的管理所取得的实际效果。用实际例子描述哪些做得好，哪些需要改进。

　　不管考哪种论文，项目背景和项目收尾都是通用部分，这部分可以考前就准备好，考试的时候适当修改一下相关内容，使之符合论文要求。

2.5　写作注意事项

2.5.1　论文机考注意事项

　　论文机考后，论文写作要注意以下几点：

　　（1）原来论文考试是手写，每分钟至少要写 25 个字以上，才有可能写完，时间显得特别紧张。但机考后，由于是用电脑打字，绝大部分考生机打字比手写快得多，一般打完 3000 字预计仅需 60～80 分钟，相对而言时间会显得充裕很多。同时，机考后案例和论文合在一起考，案例如果做得快，节省下来的时间可用在论文考试中。因此机考后，要合理利用时间。合理利用时间：一是要提升打字速度，二是要提升案例做题速度。

　　（2）原来手写论文字写得好，卷面整洁是加分项，机考后卷面差别不再存在。同时可以借助一些工具对错别字进行筛查，因此错别字将成为一大扣分点。另外，机考论文写完了可以根据需要进行修改。所以要在平时养成习惯，写完注意检查完善。

　　（3）论文查雷同、查抄袭更加便捷。所以考试中要体现论文的独特性，论文一定不要抄袭范文或拿范文改个背景就去应对考试。

　　（4）论文与综合知识、案例不一样。综合知识、案例是有标准答案的，对了就得分，考试分数是客观的，而论文虽然也有评分标准，但标准受个人主观影响较大，因为时间充裕，大部分考生的论文质量会提升，为了控制考试的通过率，论文合格的标准也要相应地提高。因此要注意一定要强化基本功，提升论文写作水平。

2.5.2　项目背景内容注意事项

　　项目背景的选择建议是最近三年的信息系统项目，注意项目投资额不能太大，正常情况下，金额几千万甚至是上亿的项目，通常都是高级工程师来任项目经理。金额不建议是一个整数，现实工作中金额通常会精确到几角几分。注意项目背景一定要自己去找，比如当地政府的招投标网、百度等，如果是网上找的项目背景，除了项目背景外，一定要对项目方案有一定的了解，否则，遇到特殊要求就无法写出来，如 2021 年下半年，要求写出 WBS 五层结构，如果对项目方案不了解，只知道一个背景，是很难编出来的。

2.5.3　论文内容注意事项

论文具体内容严格按照考试中所选择论文题目的知识域的管理过程或相关管理的内容顺序来写，不能缺少管理过程或管理内容，也不能打乱管理过程顺序。一个过程（管理内容）一般分为一个或两个段落，每个段落的开始有一个小标题，突出所写段落的主要内容和作用，然后就是具体内容，这样就做到了层次分明，让阅卷老师一目了然。

现在考试的论文越来越贴近项目管理的实际工作，内容一定要是具体、实在的工作，而不是书本上的纯理论，因此不能太理论化，要以实际工作来体现相关的理论知识，是正文最重要的内容，也是阅卷老师给分的重要点。十大知识域的论文，每个过程开始都要有具体的输入，采用了哪些工具（工具不需要太多，一两个就可以了），最后有具体的输出。切忌不能罗列输入、工具与技术和输出。论文正文因为格式的要求，如非必要，内容不能出现图表。

2.5.4　论文常见问题

最近论文考题越来越强调实际，不能只注重纯理论而缺乏实际工作内容。在论文考试中最为常见的问题有：

（1）背范文。看到题目一样的论文，直接动手就写，不分析论文要求，因此会造成论文得分极低。

（2）论文内容缺乏实际工作内容，只有纯理论。论文内容脱离实际工作，全部以理论知识来叙述所写论文。

（3）论文要求的管理过程缺少或顺序错误或随意合并。比如，范围管理中有六个管理过程：规划范围管理、收集需求、定义范围、创建 WBS、确认范围和控制范围。在写论文中缺少了其中一个管理过程，把收集需求写在定义范围的后面，或者把收集需求和范围定义管理过程合并成一段，这些都是不对的。如果要合并或裁剪，需要在过渡段进行相应的说明。

非十大知识域论文，管理内容或要点不能缺失。比如，合同管理，有些考生只写了合同签订、合同履行、合同变更、合同违约索赔管理，缺少合同档案管理相关内容。这样是不行的，管理内容或要点可以根据写作需求合并在一起写，但不能缺少，如项目工作绩效域绩效要点较多，这种情况下每个绩效要点都写一段显得太冗长，可以把其中的部分绩效要点合并在一起去写。

（4）缺乏实际的输出内容。比如 2021 年范围管理的论文，其中有一项要求：根据你所描述的项目范围，写出核心范围对应的需求跟踪矩阵。因此在论文中必须举例一个实际的核心范围，并按需求跟踪矩阵的理论要求写一个完整的实际的需求跟踪矩阵出来。不能不写，或者仅仅是一个理论概念。

因此考试的时候为了避免以上错误，平时学习一定要认真仔细，熟悉每个知识域的过程，及每个过程的输入、工具与技术和输出。还有最近考试中对于知识域的过程都会有详细的要求，通常是过程的输出，因此对输出需要有自己的理解。

考试中切忌看到论文题目就直接动手写，而不去分析论文要求。

2.6　建议的论文写作步骤与方法

对写作步骤没有具体的规定，如胸有成竹就可以直接书写。不过，大多数情况下建议按以下步骤展开：

（1）论文构思，写出纲要（20 分钟）。

（2）论文写作（60～80 分钟）。

（3）检查修改（20 分钟）。

通过对考试的研究，我们在论文教学过程中会有专题去讲解论文写作的方法。一般来说，当听完老师对论文写作的方法及典型论文的分析后，学生普遍觉得论文很好写，但实际往往是"知易行难"，知道怎么写并不意味着会写。除了授课过程中常见的论文写作错误外，关键点在于如何下笔。因此，我们提炼出论文写作的几种方法。

2.6.1　通过讲故事来提炼素材

有一次，我们在教学的过程中反向行之，即先不讲解论文写作，也不需要学生了解论文的写作方法，而是与他们探讨项目在该知识域如何做，探讨项目实施中的细节问题。采用的形式是学生陈述项目，老师插入自己的提问，学生作答。

当然这种提问是有意设计的，目的是让学员自己回答出"论文写作的要点"。这种方法极其有效，当第一轮问答结束后，学生实际上就已经回答出了论文的背景、关键控制点、主要经验等关键写作要素。

在这个阶段，考生务必不要想论文如何写，仅仅从故事角度思考，如何呈现一个精彩的故事即可，完成此阶段的构思则大局既定。后续的精化阶段、成文阶段只是提炼和展现工作而已。

2.6.2　框架写作法

框架写作法的核心就是提供一个论文框架，让学生"照葫芦画瓢"。而且框架写作法的核心实际上从阅读者的心里总结出来，假设（实际也是如此）阅读者在阅读论文的时候，时间有限的情况下会关注哪些点。

我们把论文分为背景、论点论据、收尾三个部分。

（1）背景。对于背景的写作，无外乎几个关键要素：项目由谁发起，由谁完成，干系人是谁，功能是什么，解决什么问题，什么时候开始，什么时候完成，耗资多少等问题。同时说明自己在项目中担当什么角色。建议尽量突出项目的资金合理、周期一般、项目符合当前主流、干系人众多。

背景部分的内容建议控制在 600 字左右。

（2）论点论据（也就是正文部分）。按照框架写作法的要求，在相关过程的内容中突出论文要求。

当主题句写得得心应手的时候，实际上论文就形成了，剩下的工作是在主题句后面填充一些无关紧要的扩展句子。

论点论据部分是正文的主要部分，这部分内容建议控制在 2000 字左右。建议每段话采用"总-分"或者"总-分-总"的形式进行阐述。

（3）收尾。收尾是经验总结部分，这部分近乎通用，而且经验部分其实是可以适用于不同主题的。当然，能与主题紧密相扣更好，如果事前准备好的收尾不能扣主题甚至有偏离，则稍微做些修改，总比临时拼凑强得多。

我们一般建议考生对收尾的内容描述在 400 字左右，当然在论文字数不足的情况下，可以适当地扩充字数，起到凑字数的作用。不要无限制地增加字数，以免头轻脚重。

第3章
优秀范文点评

本章从最近的考试题目中选择了三篇论文范文，分别从阅卷的角度进行点评。

3.1 "论信息系统项目的范围管理"范文及点评

3.1.1 论文题目

【2021 年上半年论文试题一】项目范围管理必须清晰地定义项目范围，其主要工作是要确定哪些工作是项目应该做的，哪些不应该包括在项目中。

请以"论信息系统项目的范围管理"为题进行论述：

1．概要叙述你参与管理过的一个信息系统项目（项目的背景、项目规模、发起单位、目的、项目内容、组织结构、项目周期、交付的成果等），并说明你在其中承担的工作（项目背景要求本人真实经历，不得抄袭及杜撰）。

2．请结合你所叙述的信息系统项目，围绕以下要点论述你对信息系统项目范围管理的认识，并总结你的心得体会：

（1）项目范围管理的过程；

（2）根据你所描述的项目范围，写出核心范围对应的需求跟踪矩阵。

3．请结合你所叙述的项目范围和需求跟踪矩阵，给出项目的 WBS（要求与描述项目保持一致，符合 WBS 原则，至少分解至 5 层）。

3.1.2 范文及分段点评

作者：刘开向   信息系统项目管理师

优秀范文	点评
正文（2500 字左右） 为提升自助设备服务能力和精细化管理水平，促进自助银行业务发展，××银行启动了自助银行系统建设项目，并对项目进行了公开招标，我公司顺利中标。我公司为该项目成立了项目部（项目型组织），2019 年 10 月，公司通过发布项目章程任命我为项目经理，全面负责该项目的建设管理。该项目共投资 562.58 万元人民币，建设工期为 9 个月，2020 年 8 月获得验收。该自助银行管理系统是集"交易转发、设备管理、运行监控"于一体的全省集中管理及综合应用，实现各类自助设备的统一接入、统一管理、统一监控，丰富了报表统计功能，强化量化经营分析。本系统采用 C/S 架构，支持 Oracle、MySQL 等数据库，以"高内聚、低耦合"的模块化设计原则，确保该信息系统符合技术发展趋势和动态升级需要。	正文第一段全面总结了项目，包括项目的背景、项目规模、发起单位、目的、项目内容、组织结构、项目投资额、周期、交付的成果等，并说明了作者在其中承担的工作，以及系统技术架构。对论文子题目 1 进行了回应
由于本项目涉及全省 87 个县市 642 个金融网点、包括 5 个不同品牌共 2000 多台的自助设备，地域广、干系人众多，且金融行业的信息系统有其严格的行业开发标准，素以高质量、高可靠、高安全、高效率著称，因而项目的范围管理显得尤为重要。范围是为完成项目可交付成果而必须完成的工作。有效的项目范围管理不仅能明确项目边界、对项目工作进行监控，还能防止发生范围蔓延；在项目实施过程中，我严格遵循项目管理流程，从范围管理入手，其中在收集需求过程中我做好相关的需求跟踪矩阵，有效地确保了项目生命周期中需求的一致性，在创建 WBS 过程中做好了 5 层的 WBS 分解，为项目可交付成果提供了结构化的视图，最终顺利完成了项目工作。本文以该项目为例，从范围管理规划、收集需求、范围定义、创建 WBS、范围确认、范围控制几方面论述了信息系统项目的范围管理。	过渡段，引入要写的主题，强调了需求跟踪和进行 WBS 五层分解，对论文要求进行了点题，此为写作亮点。最后介绍了范围管理的过程，对论文子题目 2 的（1）进行了响应。承上启下，自然过渡
1．规划范围管理，为范围管理活动提供方向和指南 规划范围管理是为管理项目范围而制定策略的过程。一个科学合理的范围管理计划是项目成功管理的基础。我根据项目章程和公司的范围管理计划模板，与团队成员、相关专家、银行代表召开专题会议，充分讨论后编制出了范围管理计划，其内容包括：明确了收集需求方法（问卷调查）、用产品分析定义范围，按子系统分解项目可交付成果创建 WBS，以及范围基准的变更流程等。同时由于该项目需求复杂，我们还就如何管理需求活动、干系人参与需求管理策略等内容形成了需求管理计划。	正文第三段写规划范围管理过程定义，先简单介绍了规划范围管理过程，然后写输入、工具应用到输出，并写出了范围管理计划的具体内容
2．收集需求，奠定范围管理基础 本过程的难点是如何获取准确的客户需求。客户一般很难说清其具体需求。为解决此问题，我与银行项目代表沟通后，根据其他银行自助设备管理系统建设经验，我们根据需求管理计划和干系人登记册编制需求收集调查问卷表，表中详细列举了自助设备系统的各项需求，并指明需求对应实现的系统模块，如针对自助设备入网管理，我们就列举出是否按设备分类，分类的形式，入网的审批流程等，客户只需要在相应的表中打符合需求或补充描述即可，这样不仅避免了需求杂乱、不可验证等问题，还为下一步的需求跟踪矩阵的建立打下了基础。需求收集完成后我们整理形成了需求文件，建立了需求跟踪矩阵，如针对需求文件中的"X01 核心需求自助设备入网退网管理"需求，我们可通过需求跟踪矩阵回溯到该需求是由省行个人金融部提出来的业务需求，包括设备出入网三级审批流程、具体	正文第四段结合项目背景，写出了收集需求的具体过程，并结合项目背景对论文要求"核心范围对应的需求跟踪矩阵"进行了详细的响应。充分说明了作者具有深入的项目实践与切身体会和经历

优秀范文	点评
业务操作等要求。往后可以追溯到其对应的可交付成果——自助设备管理系统自助设备管理模块中的设备入网退网管理。这些需求都进行了编号，并注明了其来源、所有者、版本、当前状态、测试用例、验收标准等内容，确保了需求的可跟踪性。随后与相关干系人进行了确认。	
3. 范围定义，明确项目边界 由于前期所收集的需求多而杂，有些需求甚至相互冲突，于是我们通过对自助设备管理系统产品的分析，把如对设备的日常运维方面的需求排除在项目范围之外，选择出了真正的项目需求，然后详细说明了自助设备管理系统产品的特征，明确了项目可交付成果是集"交易转发、设备管理、运行监控"于一体的全省集中管理的综合应用系统，和《自助设备管理手册》《自助设备使用手册》等文档，验收标准是业务处理流程确保符合《中国人民银行关于商业银行自助设备管理规定》、软件开发符合《银行业软件开发规范》、功能满足《需求规格说明书》等，及制约因素、假设条件等，形成了项目范围说明书。经审批后纳入了配置管理，为项目的规划、沟通和控制打下了坚实的基础。	正文第五段首先承上启下，介绍了范围定义过程的工作内容，接着写范围定义的输出：结合项目背景写出了范围说明书的内容。最后说明了范围定义的作用。顺利过渡到下一段
4. 创建工作分解结构，确定项目范围基准 创建工作分解结构是把项目可交付成果和工作分解成更小的更易管理的组件过程。根据范围管理计划、项目范围说明书，我们与干系人一起先对项目的可交付成果进行了分析识别后，把其按子系统以树形结构自上而下分成了五层，如下图所示： 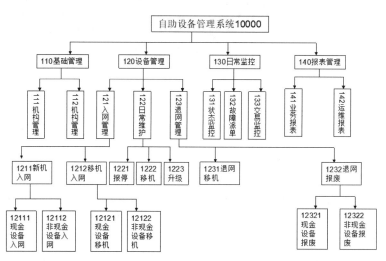 其中最底层的工作包符合 8/80 原则，并由专人负责，分解完成后，我们给各组件制定和分配了标识编码，还通过 WBS 词典对工作包进行了细化描述。最后还核实了分解的程度是否必要且充分。WBS 和 WBS 字典、批准的项目范围说明书构成了项目范围基准，为项目范围控制提供了依据。	正文第六段先介绍了创建 WBS 过程的定义，然后写输入、工具，最后写输出，详细描述了项目 WBS 五层结构，体现了作者专业级水平，有力响应了论文第 3 条要求。最后还说明了分解原则，也是对论文要求的响应

续表

优秀范文	点评
5. 范围确认，正式验收可交付成果，提高项目终验成功的可能性 范围确认是客户正式接受可交付成果的过程，本过程一方面是对项目阶段工作成果的认可，另一方面是使客户及时、客观地了解项目的进展。阶段工作完成后，与银行代表保持良好沟通，就范围确认的时间、投入等形成一致意见，然后由银行方组织相关业务专家与我们一起根据需求跟踪矩阵和需求文件对文档、阶段成果、产品进行检查、测试，回溯到需求文件和原始需求，合格后在验收单上签字确认，得到项目阶段验收的可交付成果，随着项目阶段的验收通过，整体验收通过的可能性得以大大提升。	正文第七段，先介绍范围确认的定义，然后写范围确认的作用、意义。接着写具体的过程，顺便提到了需求跟踪矩阵，对论文要求写需求跟踪矩阵进行了呼应
6. 范围控制，管理范围变更，防止项目范围蔓延 客户的需求往往是变化的，因而项目范围变更必不可少。在范围控制管理中，我牢牢把握未经批审的变更坚决不能实施这一原则，坚决抵制镀金行为，防止项目范围蔓延。如曾经在一次状态审查会上，我发现项目的功能模块中，报表管理模块多了统计日志功能，经过查询需求跟踪矩阵，确认了该功能模块回溯不到原始需求，经核实是该负责人未经请示根据甲方电话沟通需求直接增加了该功能。针对此情况，我立即召开会议，强调变更流程管理的重要性，要求必须严格按照变更控制流程管理客户需求。提出变更申请后经过变更评估后再报 CCB 审批，变更后调整基准并将变更信息通知相关干系人，同时加强对变更的结果进行追踪与审核。确保了项目范围的可控。	正文第八段，首先写到范围变更必不可少，引出范围控制的意义，接着写范围控制的原则，接着举例写处理范围变更的过程，再次提到了需求跟踪矩阵，又一次对论文要求进行点题
经过全体团队成员的共同努力，我们终于按期完成了项目，顺利通过了银行方组织的验收。得到了双方领导的一致好评。本项目的成功离不开我成功的范围管理，特别是建立了需求跟踪矩阵，确保了需求与产品的一致性，同时严格按照变更管理流程管理变更，有效地防止了项目范围蔓延。当然，在本项目中，也有一些不足之处，如部分团队成员对编码工作较为重视，但对文档管理比较随意，我请 CMO 加强了配置管理知识的培训后，团队成员配置管理意识得到了加强。在项目管理中的不足之处，我将一如既往地加强学习，砥砺前行。	正文第九段为论文结尾，总结了项目成功经验与不足，在成功经验中再次点明了需求跟踪矩阵，首尾呼应。存在不足写一些无关紧要的不足，最后表明了决心

3.1.3 范文整体点评

1. 优点

本文架构正确，逻辑清楚，段与段之间衔接很好，对项目管理有深入实践，非常好地切合了题意，有较好的应用深度和水平，是一篇得分能在 65～70 之间的优秀论文。

文章正文部分首先介绍了项目的背景、个人在项目中的角色、系统的技术架构等，从而能让阅读者快速地了解项目本身。之后，文章结合项目背景，引入要写的主题，在过渡段对论文要求进行了点题，接着写管理过程，每个管理过程采用了副标题的形式，让阅读者能通过标题就知道作者对管理过程的理解程度，是一大亮点，同时每个管理过程基本上都是按照管理过程定义、输入、工具与技术应用、输出、过程作用这一架构去写，条理逻辑清晰。在管理过程中，较好地把项目背景融入管理过程中，真实地反映了作者的实际工作经验。文章收尾部分，简要总结了成功经验和不足，并对问题和不足提出了自己的解决办法。本文正面回答了论文要求，特别是对 WBS 五层架构，大胆采用图示的方法进行展现，"需求跟踪矩阵"在管理过程中多次提及，拿到了主要的得分点，同时还在文章开头和结尾都提到了论文要求，首尾呼应。

2. 不足之处

（1）WBS 五层的图形非常详细，但在考试中不容易画出如此细致的五层 WBS，因此在正式考试时，可以适当简化。

（2）项目背景如果能结合最新的技术，比如元宇宙、虚拟货币、人工智能等，会更具有优势。

（3）项目管理存在的不足与项目范围管理关联不强，但不影响此论文得高分。

3.2　"论信息系统项目的合同管理"范文及点评

3.2.1　论文题目

【2023 年下半年论文】

试题：论信息系统项目的合同管理

1. 概要叙述你参与管理过的信息系统项目（项目的背景、项目规模、发起单位、目的、项目内容、组织结构、项目周期、交付的成果等），并说明你在其中承担的工作（项目背景要求本人真实经历，不得抄袭及杜撰）。

2. 请结合你所叙述的信息系统项目，围绕以下要点论述你对信息系统项目合同管理的认识，并总结你的心得体会：

（1）项目合同管理的过程及主要内容。

（2）请结合你所叙述的信息系统项目，编制一份相对应的项目合同（列出主要的条款内容）。

3.2.2　范文及分段点评

作者：刘开向　　信息系统项目管理师

优秀范文	点评
正文（2500 字左右） 为主动适应信息时代新形势和党员队伍新变化，积极运用互联网+、大数据等新技术，创新党组织活动内容、方式等，××市提出了"智慧党建"信息系统项目建设方案，并对项目进行了公开招标，我公司顺利中标。我公司为项目型组织，2020 年 1 月，我被任命为项目经理，全面负责该项目的建设管理。该项目共投资 821.38 万元人民币，建设工期为 9 个月。2020 年 10 月获得验收。通过该项目的建设，建立起了包含两类信息（党员信息和党组织信息）+五类终端（党建大屏、电脑端、微信端、党建 App、智能一体机）+10 大平台（学习平台、党务平台、宣传平台等）为一体的综合信息系统。该系统采用 SOA 架构，运用 C#和 JDK 中间件开发，支持 Oracle、MySQL 等数据库，实现了该市党建业务、党员在线学习、在线考试、信息发布等功能于一体，进一步提升了党建工作科学化水平。	该段介绍了项目的建设背景、项目规模、发起单位、目的、项目内容、组织结构、项目周期、交付的成果、系统架构、开发语言等，并说明了作者在其中承担的工作，以及系统实现的功能。使阅读者能对建设项目有全面、完整的认识，对论文子题目 1 进行了回应，且项目符合当今计算机应用系统发展的新趋势与新动向

优秀范文	点评
由于本项目涉及设备种类多，需从不同的供应商处采购。因而项目的合同管理显得尤为重要。加强合同管理对于提高合同管理水平、减少合同纠纷、加强和改善建设单位和承建单位的经营管理、提高经济效益，都具有十分重要的意义。本文我以该项目为例，从合同的签订管理、合同的履行管理、合同的变更管理、合同的档案管理、合同的违约索赔管理几方面论述了信息系统项目的合同管理。	过渡段，论述了合同管理的重要意义，引出要写的主题，并说明了从哪几方面进行合同管理，对论文子题目 2 的（1）进行了回应
一、合同的签订管理 合同签订管理是确保合同双方在平等协商的基础上，对合同内容达成一致，确立权利、义务等民事关系的过程。在此过程中，涉及合同类型的选择，合同内容的合法性、合同表述的准确性等。在项目实施过程中，根据项目实际需求，我们对智能一体机进行了公开招标采购，确定了××公司为上述设备的供应商，因设备所需数量明确，我们采用了总价合同的形式，并在 30 天内与××公司签订了合同，其主要条款如下： 第一条　设备名称：智能一体机，数量：424 台，品牌型号：希沃 Sa65EC，参数：Windows、Android 双系统、65 寸 1920×1080 分辨率红外触摸屏、超薄插拔式 Intel Core I32300 模块化电脑、内存 DDR3 8G 等。 第二条　设备验收标准、验收方法：设备到货到由双方现场开箱检查，安装完成进行验收测试，符合合同相关参数。 第三条　设备交付时间、交付地点：按附件要求于 2020 年 7 月 30 日前分批交付，交付地点：××市工委办公楼。 第四条　设备价款、报酬（或使用费）及其支付方式：18950 元每台，经验收合格后 30 个工作日内甲方支付货款总价的 90%，余款至保修期满且乙方履行保修义务后支付。 第五条　双方权利及义务 甲方权利及义务： 1．协调并提供乙方安装设备时所需水、电等。协调市工委向乙方提供材料、工具的临时存放地以及施工场所。 2．甲方根据本合同规定按期向乙方支付合同款项。 3．甲方配合乙方的安装、维护、维修工作。派人监管乙方现场施工情况，甲方现场代表由甲方指定。并负责对乙方设备安装进行验收。 乙方权利及义务： 1．乙方应严格按照合同要求向甲方供货及安装设备并提供合格证。严格按照国家的规范、标准施工，接受甲方的监督，如有质量问题按规范及合同约定及时整改，并承担返工费用。 2．设备安装期间乙方应遵守甲方对施工人员的管理要求，并做好安全防护工作，因乙方责任造成的一切事故及损失将由乙方承担。 3．工程经甲方验收合格后 7 个工作日内，向甲方提供竣工资料（含产品合格证、检验证、隐蔽资料证）一式四套。 第六条　技术服务及售后服务：设备保修期 1 年，自验收合格之日开始计，在正常的操作和运行条件下，若发现确系由于货物的材料、设计等所导致的质量问题，乙方负全部责任，并免费更换零部件或整机。保修期满后如需乙方继续提供维修服务，双方重新洽谈合同。	本段首先解释了什么是合同签订管理、合同签订管理涉及事项。接着结合项目背景拟定了合同主要条款，且主要合同条款翔实、符合合同要求，充分说明了作者对合同的掌握非常熟练，也是对论文子题目 2 的（2）进行了重点响应，是主要得分点之一。最后一句承上启下，显得文章不呆板

第 3 章

续表

优秀范文	点评
第七条　违约责任：乙方不能按合同约定安装期完工并通过验收（甲方原因除外），应赔偿给甲方造成的经济损失。 第八条　争议解决办法：合同所产生的一切争议，双方应通过友好协商解决，如协商不成，任何一方可向××市人民法院提起诉讼，费用由败诉方承担。 合同签订生效后，就进入了履行阶段。	
二、合同履行管理 合同履行管理主要指对合同当事人按合同规定履行应尽的义务和应尽的职责进行检查，及时、合理地处理和解决合同履行过程中出现的问题，包括合同争议、合同违约和合同索赔等事宜。在合同履行过程中，我们首先协商解决，按照《中华人民共和国合同法》有关合同争议处理如下规定进行处理：质量要求不明确的，按照国家质量标准、行业质量标准履行。没有国家质量标准、行业质量标准的，按照通常标准或符合合同目的的特殊标准执行；履行费用不明确的，由履行义务一方承担等。如我们在合同履行过程中，对智能一体机从市工委运输至乡镇的费用承担产生了争议，于是我们根据《中华人民共和国民法典》中"履行费用不明确的，由履行义务一方承担"这一原则解决了争议。	本段首先介绍了合同履行管理的具体工作内容。接着阐述了合同履行过程中出现争议的处理原则，处理原则与《中华人民共和国招标投标法》内容一致，说明作者对合同法较为熟悉，最后举例描述了履行费用不明确的处理办法。理论与实际较好地进行了结合
三、合同变更管理 项目的建设过程中难免出现一些不可预见的事项，包括要求修改或变更合同条款的情况，因而项目合同的变更必不可少。在本项目中，智能一体机原计划需求数量是 424 台，后来该市工委提出要增加 34 台，根据政府采购法的规定，为保证原有采购项目一致性或者服务配套的要求，可以继续从原供应商处添购，且添购资金总额不超过原合同采购金额 10%，于是我们向由市工委、××供应商、我公司共同组成的 CCB 提出了增购 34 台智能一体机的合同变更申请，CCB 审批后下达了同意合同变更的指令，然后我们本着"公平合理"的原则与××供应商协商，先确定了变更的数量以及供货细节，再确定变更设备的价格按原中标价进行核算。变更得以顺利实施，确保了项目在规定时间内完工。	本段结合项目背景，举例说明了合同变更管理的管理流程，把管理理论应用于项目管理实际工作中。充分说明了作者有良好的实践与切身体会和经历
四、合同档案管理 合同档案管理（文本管理）是整个合同管理的基础。它作为项目管理的组成部分，是被统一整合为一体的一套具体的过程、相关的控制职能和自动化工具。合同文本是合同内容的载体，我们主要关注两方面内容，一是合同的正本、副本的管理，合同签订时我们就采取的是一式四份合同，其中正副本各两份，双方各执一份。同时把招标相关文件作为合同附件一同录入了合同档案管理系统，并由配置管理员纳入了配置管理。二是对合同文本格式的管理，我们所有合同一律采用计算机打印，明确规定了手写旁注和修改无效。	本段采用了略写的方式，篇幅不长，但已把档案管理的内容表述清楚，为接下来的合同索赔管理预留出了篇幅

续表

优秀范文	点评
五、合同违约索赔管理 合同违约是指信息系统项目合同当事人一方或双方不履行或不适当履行合同义务，应承担因此给对方造成的经济损失的赔偿责任。合同索赔是项目中常见的一项合同管理的内容，同时也是规范合同行为的一种约束力和保障措施。如在合同履行过程中，由于××供应商的原因，导致合同中采购的智能一体机最后一批 10 台设备未能按时到货，导致我们未能按时进行系统联调，由此给我方带来了一定的经济损失。于是我按合同索赔流程进行了索赔，先是在违约事件发生后的 28 天内向监理方提交了索赔意向书，在索赔通知书发出后的 28 天内，向监理工程师提出了补偿经济损失的索赔报告及有关资料，详细说明了索赔事件、索赔金额的计算等。监理工程师在收到送交的索赔报告有关资料后，于 28 天内要求我们进一步补充索赔理由和证据。我们在 28 天内，向监理工程师送交索赔的有关资料和最终索赔报告，由于违约事件清楚，索赔金额计算合理，最终监理方和××供应商认可了索赔，双方并未因此而产生隔阂。因为后期的良好合作，没有发生持续索赔。	本段先介绍了合同违约的定义，然后说明了合同索赔的意义，接着结合项目背景举例详细说明了合同索赔流程，索赔处理得当，有深入实践与体会。
经过全体团队成员的共同努力，我们终于按期完成了项目，顺利通过了××市工委组织的验收。得到了双方领导的一致好评。本项目的成功离不开我成功的合同管理，特别是合同履行过程中出现问题的有效管理。当然，在本项目中，也有一些不足之处，如在项目的实施过程中，由于供应商的原因，导致最后一批设备延期到货，导致了我们的系统联调无法按期进行，虽然没有影响最终的完工，但还是给项目带来了一定的影响。在今后的项目管理工作中，我将一如既往地加强学习，砥砺前行。	本段为论文结尾，总结了项目成功经验与不足，最后表明了作者加强学习的决心

3.2.3　范文整体点评

1.　优点

本文架构正确，逻辑清楚、内容翔实、表达严谨，对合同管理有着很深入的实践和体会。非常好地切合了题意，对论文要求均采用实例进行了重点响应，有较好的应用水平。是一篇能得 65 分左右的优秀论文。

2.　不足之处

结尾稍显仓促，成功经验和存在的不足一笔带过，没有展开，如果能详细说明本项目存在的不足具体如何解决，将更能体现项目经理对合同管理的优势。但此论文仍不失为在当次考试中，排名前几名的高分论文。

3.3　"论信息系统项目的工作绩效域" 范文及点评

3.3.1　论文题目

【2023 年下半年试题】

请以 "论信息系统项目的工作绩效域" 为题进行论述。

1．概要叙述你参与管理过的信息系统项目（项目的背景，项目规模，发起单位，目的，项目内容，组织结构，项目周期，交付的成果等），并说明你在其中承担的工作（项目背景要求本人真实经历，不得抄袭及杜撰）。

2．请结合你所叙述的信息系统项目，围绕以下要点论述你对信息系统项目工作绩效域的认识：

（1）结合项目情况，论述绩效域的绩效要点。

（2）请根据你所描述的项目，论述绩效域的绩效要点。

3.3.2　范文及分段点评

作者：唐徽　　信息系统项目管理师

范文内容	点评
2020 年 6 月，我作为项目经理参加了××省××市人民医院的信息管理系统集成项目。随着人民群众对健康需求的增多和重视，该医院当前的信息管理系统已经不能使患者满意，容易产生医患冲突。为了实现"以患者为中心"的服务宗旨，该院领导决定公开招标采购医院信息管理系统。2020 年 5 月 15 日的招标会中我公司以优质的产品、服务和价格，在公开招标中中标，并在 2020 年 6 月 10 日签订合同。该项目总预算 753.56 万元人民币，总工期 180 天，该项目的目标是建立以 HIS、PACS、LIS 和 EMR 软件为中心的医院信息管理系统，符合××省二甲医院信息管理系统标准。公司建立了项目部，任命我为项目经理。	正文第一段全面总结了项目，包括项目的背景、项目规模、发起单位、目的、项目内容、组织结构、项目投资额、周期、交付的成果等，并说明了作者在其中承担的工作，以及系统技术架构。对论文子题目 1 进行了回应。
为了圆满完成这个项目，在项目的工作绩效域中，我特别注重项目团队的建设，让整个团队保持高度的专注力，严格按照××省二甲医院信息系统标准的内容建设该院的信息系统。我作为项目经理重点关注范围、进度、成本和质量这个四个要素的过程管理，充分满足二甲医院的相关标准，对团队成员工作落实到人，并明确各阶段各活动的责任人，定期开展培训和工作总结会，进行经验总结，不断学习各类知识，提高个人能力，提升整个团队的工作效率，在处理范围、进度、成本和质量的变更时，我严格要求相关干系人按照变更流程来处理相关变更；我加强与相关干系人的沟通，取得他们的信任并积极促使他们参与到项目工作中；在资源管理方面，合理分配，最大效率地利用资源，并完成项目；在采购管理中，及时关注关键性物资的采购，管理和处理好相关合同；整个项目中，对于知识的管理，我根据项目实际情况定期进行相关学习，HIS、PACS、LIS 和 EMR 这四个系统在完成的每一个阶段我都会召开会议，对工作进行回顾，发现问题及时讨论解决，优化后续相关的工作方式，持续改进相关流程，为公司积极积累相关经验，做好组织过程资产总结。	过渡段，论述了工作绩效域在项目中的绩效要点，引出要写的主题，并说明了从哪几个方面进行合同管理，对论文子题目 2 中的第（1）条进行了回应。
本文中我作为项目经理重点对工作绩效域的项目过程、项目制约因素、专注于工作过程和能力、管理沟通和参与、管理实物资源、处理采购事宜、监督新工作和变更、学习与持续改进这几个方面进行论述。	
一、在项目过程中，考虑项目的制约因素，我加强对范围、进度、成本和质量四个知识域的过程管理，结合××省二甲医院信息标准，制定基准和质量标准，并严格按照基准和标准执行相关工作。	本段首先解释了项目工作绩效域中的绩效要点：项目过程，并实现了项目的预期目标。

范文内容	点评
在项目的规划阶段，我与相关干系人召开相关会议，根据实际情况，制订了项目的基准，其中范围基准中 WBS 中可交付物为 HIS、PACS、LIS 和 EMR；进度基准为 180 天；成本基准为 753.56 万元人民币；质量标准为××省二甲医院信息管理系统标准。在项目的执行和监控过程中，我们严格按照基准和标准执行，定期形成工作绩效报告，总结汇总相关情况，及时处理相关变更，最终项目圆满完成。事后我们召开回顾会议，对项目相关过程进行了总结，采用过程审计和质量保证进行过程评估，最后得出结论：我们制订的计划非常符合当时的情况，执行和监督工作有效率和效果。其中最为关键的是团队成员都非常认真地做好每天的工作日志，并记录相关问题和做得好的地方，我及时汇总、处理和分享。因为这个非增值工作做得好，受到了双方领导的高度表扬，公司收集好本次项目团队成员的工作日志和工作绩效报告，作为公司的培训材料。因此做好相关项目的过程，做好绩效报告，可以提高项目工作效率和效果。	
二、了解项目制约因素，合理制定相关过程的工作，并随时根据情况作出相应改变。 项目的各种制约因素，都会影响相关的项目工作，因此我在整个项目的进行中会根据不同情况进行相关的调整，使得工作内容满足项目的需求和实际情况。在项目前期，因为该医院要在年底进行二甲医院复评，并要满足二甲医院的信息系统标准，时间紧迫、工作量大，因此根据实际情况，我制定好相关的应对工作，在项目实施过程中 HIS、PACS、LIS 和 EMR 几个工作并行施工，并增加人手进行赶工，监控过程中加强质量监督工作，减少了返工带来的风险。在项目培训过程中，因为医护人员的工作时间分为早班、中班和晚班，我根据医护人员的工作时间安排调整了该培训计划，成功在规定培训工期内完成了工作。因此在项目工作中，我们要善于利用各种环境，制定好相关应对措施是非常重要的。	本段主要叙述了在项目的工作绩效域中的绩效要点：项目制约因素，并实现了预期目标。
三、经常采用各种激励措施和培训，对团队绩效报告进行分析，提高了团队成员的专注力和个人能力，并提高了整个团队的能力。 在建设和管理项目团队中，不断应用各种激励，提高项目团队的整体素质。为了提高团队工作能力，促进团队成员互动，改善团队整体氛围，便于团队之间的沟通协作，在接口开发阶段我们采用了集中办公的方式，并将进度计划以及每日的工作重点张贴于公告板上便于大家了解项目状况；在系统集成阶段、系统测试阶段，为了赶进度，项目组成员不同程度地进行了加班，对此我在会议上表达了我对大家的感谢，同时我向公司汇报了大家积极为项目所付出的努力，对此，公司领导对项目组给予了肯定和奖励。我还通过公司员工档案了解到项目成员中大部分人都有户外活动的爱好，我特意在某个周末组织大家进行了爬山比赛，进一步增进了成员之间的感情。定期召开培训，让大家相互学习，通过这一系列的培训，持续的学习，提高了团队成员的专注力和个人能力，提升了整个团队的工作绩效。	本段主要叙述了在项目的工作绩效域中的绩效要点：专注于工作过程和能力，并实现了预期目标。
四、在整个项目进行中，我和项目团队成员，在管理资源、处理采购相关工作、监督项目工作，处理变更的相关工作中主动与相关干系人进行沟通，取得他们的支持。	本段主要叙述了在项目的工作绩效域中的绩效要点：管理沟通和参与、管理实物资源、

范文内容	点评
在管理资源、处理采购相关工作和监督项目工作，处理变更相关工作中，我们积极与相关干系人进行积极的沟通，其中一次变更是在综合布线的一次活动中。我们准备开始光纤接入，从老机房连接到新机房，中间隔一栋建筑，老机房在门诊 4 楼，新机房在综合大楼的 8 楼，合同中光纤线的采购为 800 米，采购员小郑实际观察周围建筑后，估算了一下线路，觉得只需要 700 米光纤线就足够了，于是小郑找到院方负责人汇报该情况，希望修改该采购数量以节约成本。小郑和院方负责人一起勘察了周围情况，之后院方负责人觉得小郑的建议符合实际情况，有必要进行变更处理，于是小郑提交了变更申请，我初步审核了该变更申请，提交给 CCB，经 CCB 批准后，然后对变更日志进行更新，记录了该变更。在我和院方的监控下，通知相关人员进行采购合同的修改和变更执行，最后进行了评估，该变更为院方节约成本近 1 万元，受到了院方的高度赞扬。经过这次处理，体现了沟通的有效性，对采购进行了有效地管理，及时有效地变更处理，减少资源浪费，并取得了相关干系人的赞扬。随后我把该次变更记入到工作日志中，为后续的学习和持续改进提供学习资料。	处理采购事宜、监督新工作和变更、学习和持续改进，并实现了预期目标。
该项目经过全体成员 170 天的努力，得以顺利完成。我们的项目组赢得了公司与客户的一致好评。项目的成功很大程度上在于及时处理工作绩效域中的相关问题，并实现了高效且有效的项目绩效；适合项目和环境的项目过程；干系人适当的沟通和参与；对实物资源进行了有效管理；对采购进行了有效管理；有效处理了变更；通过持续学习和过程改进提高了团队能力这些预期目标。及时进行了相关的总结，最终实现了项目工作促进并支持有效率且有效果的规划、交付和度量；为项目团队互动和干系人参与提供有效的环境；为驾驭不确定性、模糊性和复杂性提供支持，平衡其他项目制约因素。在该工作绩效域中，因为在一次学习培训中，没有充分考虑到团队成员的工作强度，造成学习效率低下，对此我进行了相关的调整，组织了一些团建活动，使得大家既可以休息，又可以相互学习，因此我把此次措施作为经验总结，记录到我的工作笔记中，作为以后的组织过程资产总结。	本段为论文结尾，总结了项目成功经验与不足，最后表明了作者加强学习的决心。

3.3.3　范文整体点评

优点：本文架构正确、逻辑清楚、内容翔实、表达严谨，对合同管理有着很深入的实践和体会。非常好地切合了题意，对论文要求均采用实例进行了重点响应，有较好的应用水平，是一篇能得 65 分左右的优秀论文。

不足之处：结尾稍显仓促，理论知识有点多，成功经验和存在的不足一笔带过，没有展开。如果能详细说明本项目存在的不足具体如何解决，将更能体现出项目经理对工作绩效域的理解。但此论文仍不失为在当次考试中，排名前几名的高分论文。

第4章
优秀范文 10 篇

历年论文考试都是以十大知识域为核心重点，因此对五大过程组、十大知识域的 49 个过程要有深入的理解，同时需要理解绩效域相关知识点。论文与案例是一体两面，案例中出现的问题，要在论文中避免出现。好的论文范文对论文考试会有相当大的帮助，下面是以历年考试真题为题目，精选出来的范文，以供读者借鉴参考。

4.1　整合管理论文实战

4.1.1　2019 年下半年试题一

【备注：按照第 4 版的整合管理改编论文要求】

项目整合管理包括选择资源分配方案、平衡相互竞争的目标和方案，以及协调项目管理各知识领域之间的依赖关系。

请以"论信息系统项目的整合管理"为题进行论述：

1．概要叙述你参与管理过的信息系统项目（项目的背景、项目规模、发起单位、目的、项目内容、组织结构、项目周期、交付的成果等），并说明你在其中承担的工作（项目背景要求本人真实经历，不得抄袭及杜撰）。

2．请结合你所叙述的信息系统项目，围绕以下要点论述你对信息系统项目整合管理的认识，并总结你的心得体会：

（1）项目整合管理过程。

（2）项目整合变更管理过程，并结合项目管理实际情况写出一个具体变更从申请到关闭的全部过程记录。

4.1.2　写作思路

一、首先在背景中要体现出项目的背景、项目规模、发起单位、目的、项目内容、组织结构、项目周期、交付的成果，以及作者在其中担任的角色。

二、正文部分按整合管理的七个管理过程顺序写。

三、在整体变更控制管理过程中要写出一个具体变更从申请到关闭的全部过程记录。

四、结尾部分要写出对信息系统项目整合管理的认识，总结经验教训。

五、可以在开头和结尾着重强调整体变更控制做得好，紧扣论题。

4.1.3　精选范文

作者：唐徽　　信息系统项目管理师

2020 年 6 月，我作为项目经理参加了××省××市人民医院的信息管理系统集成项目。随着人民群众对健康需求的增多和重视，该医院当前的信息管理系统已经不能使患者满意，容易产生医患冲突。为了实现"以患者为中心"的服务宗旨，该院领导决定公开招标采购医院信息管理系统。2020 年 5 月 15 日的招标会中我公司以优质的产品、服务和价格，在公开招标中中标，并在 2020 年 6 月 10 日签订合同。该项目总预算 753.56 万元人民币，总工期 180 天，该项目的目标是建立以 HIS、PACS、LIS 和 EMR 软件为中心的医院信息管理系统，符合××省二甲医院信息管理系统标准。公司建立了项目部，任命我为项目经理。为了圆满完成这个项目，在项目的整合管理中我注重与相关干系人一起制订好资源分配方案、平衡相互竞争的目标和方案，执行和监控中，协调与管理好项目之间各过程。严格遵守变更管理流程处理工作中的变更。现对项目整合管理中的制订项目章程、制订项目管理计划、指导和管理项目执行、管理项目知识、监控项目工作、实施整体变更控制和结束项目或阶段等几大过程组进行介绍。

一、参与制订项目章程，确定项目目标，为项目提供指导性文件，建立好院方与我公司之间的相互联系

在制订项目章程前，我被任命为该项目的项目经理。我们依据项目合同和相关资料召开会议，制订了项目章程，其主要内容是：随着人民群众对健康需求的增多和重视，需建立符合××省二甲医院信息管理系统标准的医院信息管理系统，该项目的主要风险是医疗政策和信息技术变化的风险，总里程碑进度计划内容分为前期（接口开发，基础数据收集，系统培训，系统安装及测试，系统联调，新老系统切换，新系统上线和后期工作）和后期（运营维护）工作。该院的院领导班子和公司高层为发起人，会后项目章程发起人签字批准，标志项目正式启动。

二、制订科学合理的项目整合管理计划，为后期工作提供指导

作为该项目的负责人，在编制计划过程中，与院方相关工作人员和一些专家，召开会议，参照项目章程、事业环境因素和组织过程资产，整合其他子计划（范围、进度、成本、质量、人力、沟通、干系人、采购和风险等计划），编制了科学、合理、灵活及符合实际情况的项目整合管理计划。其内容包括：根据项目的重要性和实际情况进行资源分配，分别给 HIS 项目组安排技术人员 10 名和笔记本 10 台、PACS 项目组安排技术人员 6 名和笔记本 6 台、LIS 项目组安排技术人员 6 名和笔记本 6 台、EMR 项目组安排技术人员 5 名和笔记本 5 台。为平衡项目之间的相互竞争，我明确好各项目组的负责人和其团队成员的职责和工作内容，制订好相关的奖罚措施，并要求其严格进度、

成本和质量的目标和执行方案。要求院方为项目组安排部署相关人员参与各个项目沟通、协调和处理相关问题。对于相关问题我们召开会议进行讨论。

三、指导和管理项目工作，协调好项目各过程，得到满意的可交付成果

我作为项目经理，在实施过程中充分重视对项目进行定期性跟踪，收集工作绩效数据（项目当前 AC、PV、EV）。加强质量保证工作，实施全面质量管理，对相关干系人进行质量培训工作，以提高其质量意识，减少质量带来的风险，对于不符合标准的，及时处理，涉及基准的改变的，及时提交变更申请。针对风险，多方面识别风险，加强监控，严格实施风险应对计划。通过项目管理办公室与项目干系人的积极沟通和协商，减少双方因沟通不到位而引起的相关问题，得到相关干系人的支持和理解，保证项目按计划实施。对阶段性的可交付成果召开项目阶段会议，进行总结、分析、改进。会议中，及时了解院方对项目的意见和建议。对会议内容进行归纳总结，形成项目文件，上报公司高层和院方主要负责人。严格遵守相关流程实施批准的变更请求。

四、管理项目知识，创建知识库，推动知识转移

管理项目知识是使用现有知识并生成新知识，以实现项目目标并且帮助组织学习的过程。由于团队中有不少新人，为了实现团队以老带新，我带领团队做了以下工作：一是创建知识库，从组织过程资产中提取经验教训等加载进知识库，并不断完善；二是获取显性知识，邀请专家给员工做技术培训；三是推动隐性知识转移，鼓励老员工对新员工传授经验。

五、监控项目工作，完善工作流程，提高工作效率

在实施期间，我主要采取挣值管理方法对项目的进度和成本进行综合监控，每周星期五下午与院方干系人，项目团队，召开周会，会议中对当前工作碰到的问题、绩效信息进行分析，看是否有偏差。例如在项目进行到中期的时候，我们进行了绩效分析得到绩效报告，PV=200 万元，AC=190 万元，EV=180 万元，计算得出 SV=-20 万元，CV=-10 万元，由此得出进度落后，成本超支。为此我们采取了几项措施，主要包括：向公司要求增派高效的人手，内部进行了几期培训，对活动安排进行了适当调整等，取得了明显的效果，一个月后，成本和进度都达到了计划的要求。

六、实施整体变更控制中严格按照变更流程进行变更处理

我们严格按照变更管理流程实施整体变更控制。其中一次变更是在综合布线的一次活动中，我们准备开始光纤接入，从老机房连接到新机房，中间隔一栋建筑，老机房在门诊 4 楼，新机房在综合大楼的 8 楼，合同中光纤线的采购为 800 米，采购员小郑实际观察周围建筑后，估算了一下线路，觉得只需要 700 米光纤线就足够了，于是小郑找到院方负责人汇报该情况，希望修改该采购数量以节约成本。小郑和院方负责人一起勘察了周围情况，之后院方负责人觉得小郑的建议符合实际情况，觉得有必要进行变更处理，于是小郑提交了变更申请，我初步审核了该变更申请，组织对变更进行初审后进行了变更方案论证，结论证明该方案具有可行性，随后提交给 CCB，经 CCB 批准后，对项目管理计划和变更日志进行更新。在我和院方的监控下，通知相关人员进行采购合同的修改和变更执行，最后进行了评估。该变更为院方节约成本近 1 万元，受到了院方的高度赞扬。

七、项目管理收尾和运营维护，做好产品的移交，取得双方满意的结果，并进行组织过程资产总结

通过以上措施，保证了项目顺利进展，在 170 天完成了该院的医院信息管理系统，该系统主要功能满足了院方的实际要求，成本花费在 742.5 万元人民币，提前了 10 天，节约成本近 10 万元人民币，受到了院方的高度赞扬。随后进行了项目验收，双方撰写了验收报告，提请双方工作主管认可。双方在项目总结大会上，院方领导及我公司高层对我们的工作情况及团队成员的绩效表示认可，对发现问题并进行改进的举措高度赞扬，了解过程中出现的值得吸取的经验并总结，最后对会议讨论形成文件，经所有人确认，完成项目收尾工作，随后交于其他同事运行维护该院的医院信息管理系统。

八、总结

该项目经过全体成员 170 天的努力，得以顺利完成。我们的项目组赢得了公司与客户的一致好评。项目的成功很大程度上，与我们制订好资源分配方案、平衡相互竞争的目标和方案，在执行和监控中，协调和管理好项目之间各过程并严格遵守变更管理流程处理工作中的变更有关。但是在项目培训过程中，由于对医护人员的工作时间没有充分考虑好，耽误了三天的时间。于是即使与有关领导沟通好，我采取措施，根据医护人员的工作安排调整了该培训计划，成功在规定培训工期内完成工作。这次教训告诉我在以后的工作中一定要结合实际情况，及时了解相关干系人的工作和休息时间，来制订计划。我把这次教训总结在我自己的工作失误笔记中，以备为后期项目提供组织过程资产。

4.2　范围管理论文实战

4.2.1　2021 年上半年试题一

1．概要叙述你参与管理过的一个信息系统项目（项目的背景、项目规模、发起单位、目的、项目内容、组织结构、项目周期、交付的成果等），并说明你在其中承担的工作（项目背景要求本人真实经历，不得抄袭及杜撰）。

2．请结合你所叙述的信息系统项目，围绕以下要点论述你对信息系统项目范围管理的认识，并总结你的心得体会：

（1）项目范围管理的过程。

（2）根据你所描述的项目范围，写出核心范围对应的需求跟踪矩阵。

3．请结合你所叙述的项目范围和需求跟踪矩阵，给出项目的 WBS（要求与描述项目保持一致，符合 WBS 原则，至少分解至 5 层）。

4.2.2　写作思路

一、首先在背景中要体现出项目的背景、项目规模、发起单位、目的、项目内容、组织结构、

项目周期、交付的成果，以及作者在其中担任的角色。

二、正文部分按范围管理的六个管理过程顺序写。

三、在收集需求管理过程要结合项目背景写出核心范围对应的需求跟踪矩阵。

四、在创建 WBS 管理过程中要写出项目的五层 WBS，画图表示或文字描述均可。

五、结尾部分要写出对信息系统项目范围管理的认识，总结经验教训。

六、可以在开头和结尾着重强调需求跟踪矩阵和五层 WBS，首尾呼应，画龙点睛。

4.2.3　精选范文

作者：胡强　　信息系统项目管理师

为提高药品检验检测的工作效率和质量，降低运行成本，并做到风险可控，实现实验室系统的专业化、智能化、系统化、无纸化，进一步提升对药品监管的检验检测技术支撑水平，2020 年 4 月某市药检所（公益一类事业单位）公开招标智慧检验管理平台项目，我司顺利中标，中标价为 422 万元，项目建设工期为 6 个月。公司在考察了多名候选人之后选择了我担任项目经理一职，负责项目的全面管理工作。项目包含药品监督抽检管理、生物制品检验管理、化妆品监督检验管理等 18 个新增业务子系统开发，和进口药品/药材检验管理、仪器设备管理、采购与库存管理等 7 个业务模块的升级改造，以及原有系统数据迁移等。数据库使用 Oracle 搭建双机热备集群，采用 SOA 架构进行研发。由于某市药检所领导对项目期望很高，本项目涉及业务繁杂，有些业务模块已经在线运行多年但是文档缺失，要在规定的时间内完成相当困难，必须保证项目范围不蔓延、不返工。为保证项目能按计划完成且一次过关，我严抓项目范围管理中的规划范围管理、收集需求、范围定义、创建 WBS、范围确认和控制范围各个过程，着重加强了对需求跟踪矩阵的管理跟踪和对 WBS 的合理分解并结合做好干系人沟通和质量管理等工作。

一、规划范围管理，为整个项目的范围管理提供指南和计划

在项目规划阶段，我根据项目管理计划、项目章程、事业环境因素和组织过程资产等资料，邀请了双方的管理层和客户方的项目经理、监理方的项目经理、我方的专家骨干一起以专题会议的形式，结合实际对公司模板进行了裁剪，确定了项目范围管理计划和需求管理计划。在范围管理计划中定义了如何创建、维护和批准 WBS，明确了以模块为单位进行范围确认和交付。在需求管理计划中，我们统一明确了如何规划、跟踪和汇报各种需求活动，干系人如何参与需求活动，为后续收集需求工作顺利开展奠定了良好的基础。

二、收集需求，为实现项目目标而确定、记录并管理干系人的需要和需求

在制订范围管理计划和需求管理计划之后，我和需求工程师根据范围管理计划和需求管理计划、干系人登记册，对业主方高层、项目科负责人进行了访谈，跟业主方职能部门召集了引导式研讨会。由于需求至关重要，我们担心部分干系人对项目支持力度不足，会影响收集需求工作的开展，我请药检所领导以红头文件强调了项目的重要性，明确要求各业务科室配合工作，提高本项目相关工作优先级。在此过程完成后，我们获得了初步的需求文件，并生成了需求跟踪矩阵以便跟踪需求变化。例如，在需求文件中的核心用例"UC02 药品监督抽检"，在上游需求跟踪矩阵中可以找到

对应原始需求 FR03，该原始需求提出从国家、省、市等单位抽检平台委托受理药品监督抽检，提出人为检验科孙×。而用例"UC02 药品监督抽检"在下游需求跟踪矩阵中对应的系统功能为"Y11 药品监督抽检管理"，可交付成果为各业务子功能与国抽、省抽、市抽系统接口。我们对两张需求跟踪矩阵保持正向跟踪和反向跟踪，正向跟踪确保干系人提出的原始需求在需求文件中均有用例体现，也确保需求文件中的用例均有对应的可交付成果；反向跟踪则确保每一个可交付成果均在需求文件中有对应的存在原因，每一个用例均有对应的原始需求。而两张需求跟踪矩阵通过用例编号保持一致。

三、定义范围，确认做且只做的事

在收集需求之后，我和全体项目组成员根据范围管理计划和收集到的需求文件召开了会议，参考分析了同类的产品，对范围的边界进行了定义，确定了可交付成果、验收标准和制约因素等。例如系统应实现药检所内、外各系统间的整合，保证数据关联，避免数据的重复录入，增强信息的准确性和共享性；应提供符合国密要求的电子报告认证服务，电子报告认证服务应符合《安全电子签章密码应用技术规范》《信息安全技术电子签章产品安全技术要求》等技术标准和安全规范。结合以上成果，会议后编制形成了项目范围说明书。

四、创建 WBS 和 WBS 词典，形成范围基准

在定义范围之后，我和项目组成员根据范围管理计划和项目范围说明书以及需求文件，按照擅长的领域分组对不同的内容进行了讨论，根据 8/80 原则，对项目层层分解来获得工作包。根据项目范围和需求跟踪矩阵以及 SOA 架构，自上而下分别按工作类别、业务模块、业务流程、服务、操作进行分解，共划分为 5 层的 WBS。第一层为工作类别，分别为"Y1 系统开发""Y2 设备采购""Y3 数据迁移"等；第二层为业务模块，分别为"Y11 药品监督抽检管理""Y12 生物制品检验管理""Y13 化妆品监督检验管理"等；第三层为业务流程，分别为"Y111 药品监督抽检""Y112 抽检复核"等；第四层为服务，分别为"Y1111 业务办理""Y1112 检验""Y1113 结果签发"等；第五层为操作层，分别为"Y11111 同步抽检平台数据""Y11112 业务受理""Y11121 称样""Y11122 留样"等。每个工作包定义了里程碑和可交付成果，指定了唯一的负责人，再对工作包进行编码和详细描述得到了 WBS 和 WBS 词典。

会后我们整理了以上成果并提交到双方高层和监理审批，批准后纳入了基线管理形成范围基准，更新了项目管理计划和相关的项目文件，为后续工作提供指导，并把以上成果以邮件方式发送给了相关干系人。阶段性成果获得了双方高层的首肯和支持。

五、结合质量控制，以确认范围来验收可交付物

确认范围是正式验收项目已完成的可交付物的过程。随着项目的持续进行，一个个工作包执行完成，一批批可交付成果被产出。我根据项目管理计划、需求跟踪矩阵和需求文件，和业主方、业务处室、监理一起对已通过质量检查确认的可交付成果进行逐项验收。不同干系人对项目有不同的需求，我们发现这些需求也会随时间变化，我们在验收的同时，也在更新需求跟踪矩阵，让系统与干系人的期望尽量一致。验收的结果形成阶段性的报告以邮件的方式发给相关干系人。

六、控制范围紧密围绕范围基准，严防范围蔓延

控制范围是监督项目和产品的范围状态、管理范围基准变更、进行范围纠偏的过程。我们根据项目管理计划、需求跟踪矩阵、需求文件等资料采用多种措施进行范围控制。例如，查找可能引起范围变更的各种因素，提前采取预防措施；确保所有请求的变更按照项目整体变更控制处理；判断范围变更是否已经发生（例如，政策发生了变化）；避免需求频繁多次变更；确保只有批准的变更被执行等。

经过 6 个月的开发建设，该项目于 2020 年 10 月底正式通过验收。项目整体实现了当初既定目标，通过新建 18 个业务模块开发和升级改造 7 个业务模块搭建成了某市药品的智慧检验管理平台，整体提升了某市药品检验所实验室管理现代化水平，实现了药品检验的流程化、自动化管理。项目最终比计划时间提前了 10 多天，获得公司领导的好评和嘉奖。这主要得益于我们牢抓项目范围管理，对需求跟踪矩阵的管理跟踪和对 WBS 进行了合理分解，因而在项目实施中，既达到了业主方的建设要求，又保证了范围不蔓延、不返工。但在项目中出现项目配置管理员变动，造成了暂时性的混乱，经过紧急梳理最终理顺了配置文件。这一教训我记录在了工作日志中，将在后续的项目中予以避免。

4.3　进度管理论文实战

4.3.1　2021 年下半年试题二

项目进度管理是在项目实施过程中，对各阶段的进展程度和最终完成期限进行管理。其目的是保证项目能在满足时间约束条件的前提下实现其总体目标。

请以"论信息系统项目的进度管理"为题进行论述：

1．概要叙述你参与管理过程的信息系统项目（项目背景、项目规模、发起单位、目的、项目内容、组织结构、项目周期、交付的成果等），并说明你在其中承担的工作（项目背景要求本人真实经历，不得抄袭及杜撰）。

2．请结合你所叙述的信息系统项目，围绕以下要点论述你对信息系统项目进度管理的认识，并总结你的心得体会：

（1）项目进度管理的过程。

（2）如果在进度管理过程发生进度延迟，请结合实践给出处理办法。

3．请结合你所叙述的信息系统项目，用甘特图编制一份对应的项目进度计划。

4.3.2　写作思路

一、首先在背景中要体现出项目的背景、项目规模、发起单位、目的、项目内容、组织结构、项目周期、交付的成果，以及作者在其中担任的角色。

二、正文部分按进度管理的六个管理过程顺序写。

三、在制订进度计划管理过程中要结合项目背景用甘特图编制一份对应的项目进度计划。

四、在进度控制管理过程中，要写出进度管理过程发生进度延迟了的解决措施。

五、结尾部分要写出对信息系统项目进度管理的认识，总结经验教训。

六、可以在开头和结尾着重强调甘特图的作用和如何进行进度控制，首尾呼应，画龙点睛。

4.3.3　精选范文

作者：刘开向　　　信息系统项目管理师

近两年来，旅游业已成为××省经济引领产业，随着游客数量的不断增加，景区的管理和服务面临着巨大的挑战。××景区提出智慧安防信息系统项目建设方案，并进行了公开招标，我公司顺利中标，并专为该项目成立了项目部（即项目型组织），2021 年 3 月，公司通过发布项目章程任命我为项目经理，全面负责该项目的建设管理，该项目共投资 492.18 万元，建设工期为 6 个月。包括视频监控、客流分析、消防安全、应急预警等 5 个管理子系统的开发集成。通过该项目的建设，实现了该景区各安防管理子系统的跨平台、跨网络、跨终端应用和景区的信息资源共享，从而提升景区的安防管理服务水平，吸引更多的游客，促进地方经济发展。该项目采用 J2EE 平台和 SOA 面向服务的架构，采用"高内聚、低耦合"的模块化设计原则，确保该信息系统满足动态升级需要。

由于××省 2021 年旅发大会将于 2021 年 10 月在该景区举行，旅发大会是该景区对外形象难得的展示机会，系统需按期上线，因而项目的进度管理显得尤为重要。在项目实施过程中，我从宏观视角来审视项目，把进度与质量、成本、范围各约束目标进行综合协调，并在进度管理过程中，我采用甘特图的形式向干系人展示进度信息，把项目活动列于纵轴，日期排于横轴，活动持续时间则表示为按起止日期定位的水平条形。让干系人对项目的进展状况有更为清晰直观的了解，与干系人进行全面、有效的沟通，并在项目进度落后时采用赶工、快速跟进等措施，最终按期实现了项目目标。本文我以该项目为例，从编制进度管理计划、活动定义、活动排序、历时估算、制订进度计划、进度控制几方面论述了信息系统项目的进度管理。

1. 制订进度管理计划，为项目进度管理活动提供指南

详尽而可操作的进度管理计划是统筹安排整个项目管理的基础。我们根据项目章程和公司的进度管理计划模板，与干系人一起采用会议的形式，明确了项目进度网络图采用单代号网络图、采用甘特图展示进度计划和进行进度报告，计量单位为人·日，绩效测量规则采用挣值管理，确定了进度控制临界值为 8% 等。裁剪并整理后形成了项目进度管理计划，为避免后期干系人对进度管理计划认知不一，我组织相关干系人进行了审批，审批后纳入了项目配置管理，为后期的进度管理提供了指南。

2. 活动定义，把工作包分解为更详细的活动

此过程需要把 WBS 中的每个工作包都分解成活动，以便通过这些活动来完成相应的可交付成果。为了得到更好、更准确的结果，同时激发团队成员参与项目的积极性，我让全体团队成员参与

分解过程，把 WBS 工作包分解成了一对一或一对多的活动，如客流统计工作包我们分解成了客流统计需求收集、客流统计模块设计、客流统计模块开发、安装调试等，最后形成了活动清单、活动属性、里程碑清单。且应用敏捷原则，随着项目进展不断滚动细化。

3. 活动排序，定义活动间的逻辑顺序，确保工作高效率

活动定义完成后，我们接下来就对活动间的逻辑关系进行识别和记录。我们根据进度管理计划、活动清单等，对所有活动的依赖关系进行了识别，把其分成了 F-F、F-S、S-S、S-F 几种逻辑关系，如客流统计需求收集与客流统计模块设计为 F-S 关系，客流统计需求收集与客流预警需求收集为 S-S 关系，为更准确地表达活动之间的逻辑关系，我们根据强制日期、制约因素在活动间使用了提前量或滞后量，以获得工作的高效率。随后利用 MSProject 工具绘制出了前导图。

4. 估算活动持续时间，为制订进度计划提供主要输入

活动历时估算是根据资源估算的结果，估算完成单项活动所需的工作时间过程。为避免估算方法单一，估算结果偏差过大的问题，我们根据活动清单和活动资源需求等，对不同的活动采用不同的方法进行了历时估算，如针对相对信息较少的客流统计模块设计活动，我们采用类比估算得出其历时为 15 天；针对不确定性较高的外购设备活动，我们采用三点估算法估算得出其历时为 14 天，针对容易量化的（如客流统计模块安装调试）活动，我们采用参数估算得出其历时为 3 天等。准确的活动历时估算，为后续的制订合理进度计划打下了坚实的基础。

5. 制订进度计划，创建项目活动进度模型，确定进度基准

基础工作完成后，我们着手创建项目进度模型，建立进度基准。我们根据项目活动清单、网络图、历时估算等，采用关键路径法创建了进度模型，该项目的关键活动为客流分析需求获取、系统分析、客流统计软件开发、视频监控设备安装、系统集成、项目验收等，项目总工期 162 天，同时为应对未知风险，我们预留了 18 天的管理储备。为了让项目干系人能直观清晰地掌握项目进展情况，我们绘制了如下甘特图：

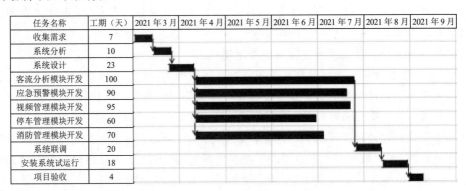

任务名称	工期（天）	2021 年 3 月	2021 年 4 月	2021 年 5 月	2021 年 6 月	2021 年 7 月	2021 年 8 月	2021 年 9 月
收集需求	7							
系统分析	10							
系统设计	23							
客流分析模块开发	100							
应急预警模块开发	90							
视频管理模块开发	95							
停车管理模块开发	60							
消防管理模块开发	70							
系统联调	20							
安装系统试运行	18							
项目验收	4							

该进度计划经批准后成为了进度基准，同时还输出了进度数据、项目日历等。为后续的进度控制提供了绩效测量依据。

6. 进度控制，监督进度绩效，降低进度风险

进度控制是监督项目活动状态，更新项目进展，管理进度基准的过程。在该过程中，我们以进

第 4 章

度基准、项目管理计划为依据，在前期甘特图的基础上，通过将活动的实际进展情况与原定计划进行对比，绘制了"迭代燃尽图"，通过跟踪，可以清晰直观地发现项目实际剩余工作与理想剩余工作之间的偏差。然后与挣值管理方法相结合，进行绩效测评，如在针对客流统计模块开发中，我们通过跟踪甘特图，发现实际进度与计划滞后了 7 天，同时项目成本节约，我们分析后发现是开发小组新员工较多，其中有 1 名新成员欠缺开发经验所致，我随即采用增加高效人员，同时让高级程序员协助开发，对新成员进行传帮带，另外还通过加强质量管理等方法赶上了进度。同时如有变更，严格按照变更管理流程进行管控，并及时更新项目进展及相关文件。

　　经过我们团队的共同努力，我们按期完成了项目，实现了项目目标，得到了双方领导的一致好评。本项目的成功离不开我成功的进度管理，特别是采用甘特图对进度进行跟踪，能让管理层和项目团队成员清晰地掌握项目进展情况，发现问题及时根据项目实际情况，采用赶工、快速跟进、使用高素质资源等方法进行纠偏。当然，在本项目中，也有一些不足之处，如在项目的实施过程中，由于受疫情影响，部分团队成员节假日回家后未能按时归队，导致项目中期进度受到一定影响，最终我通过采用远程办公的方式组建虚拟团队，同时通过赶工、加强质量管理等措施，较好地解决了受疫情影响这一问题。

4.4　成本管理论文实战

4.4.1　2020 年下半年试题一

　　1. 概要叙述你参与管理过的信息系统项目（项目的背景、项目规模、发起单位、目的、项目内容、组织结构、项目周期、交付的成果等），并说明你在其中承担的工作（项目背景要求本人真实经历，不得抄袭及杜撰）。

　　2. 请结合你所叙述的信息系统项目，围绕以下要点，论述你对信息系统项目成本管理的认识，并总结你的心得体会：

　　（1）项目成本管理的过程。

　　（2）项目预算的形成过程。

4.4.2　写作思路

　　一、首先在背景中要体现出项目的背景、项目规模、发起单位、目的、项目内容、组织结构、项目周期、交付的成果，以及作者在其中担任的角色。

　　二、正文部分按成本管理的四个管理过程顺序写。

　　三、在成本预算管理过程中要结合项目背景写出制订预算步骤。

　　四、结尾部分要写出对信息系统项目进度管理的认识，总结经验教训。

4.4.3 精选范文

作者：刘开向　　信息系统项目管理师

2020 年 5 月，我公司顺利中标某市"智慧法院"信息系统建设项目，公司通过发布项目章程任命我为项目经理，全面负责该项目的建设管理。该项目共投资 692.68 万元人民币，建设工期为 8 个月，主要依托音视频处理、人工智能、大数据等先进技术，以提供 AI 能力平台和数据服务为基础，围绕"智慧审判、智慧执行、智慧诉服、智慧管理"方向，为法院用户提供智慧庭审、智慧警务、智能审务督察等系统解决方案。助力"智慧法院"建设提档升级，体现人民法院"看得见的正义"。

由于本项目涉及全省 87 个县市法院，范围广、干系人众多，且公检法政府部门的信息系统有其严格的行业开发标准，素以高质量、高可靠、高安全、高效率著称，因而项目的成本管理显得尤为重要。项目成本管理是使项目在批准的预算内完成而对项目成本进行规划、估算、预算、控制的各个过程。在此过程中，往往由于对项目认识不足、组织制度不全、方法问题、技术制约和需求管理不当等原因造成项目成本失控，导致项目失败。本文我以该项目为例，从制订成本管理计划、成本估算、制订预算、成本控制几方面论述了信息系统项目的成本管理。

1. 制订成本管理计划，为管理项目成本提供指南和方向

制订成本管理计划是为规划、管理、花费和控制项目成本而制定政策、程序和文档的过程。为了便于干系人后续参与项目成本管理，我邀请法院代表、业务专家及项目团队成员和公司财务部门等相关干系人采用会议的形式，对成本管理计划的内容进行了明确，把项目成本按是否直接归属项目划分成了直接成本和间接成本，直接成本包括项目人员工资、设备采购费用、系统开发等费用，间接成本包括税金、保安、综合管理等费用。并明确了项目成本计量单位为万元，绩效测量规则采用挣值管理，成本报告的格式以及成本控制临界值为 8% 等。此计划经审批后为后续的成本管理提供了方向和指南。

2. 成本估算，确定项目工作所需的成本数额

成本管理计划编制完成后，我们开始着手成本估算，成本估算是对完成项目活动所需资金进行近似估算的过程。为解决项目成本估算与实际成本偏差过大的问题，我们根据成本管理计划、范围基准、风险登记册等，采用不同的方法对项目成本进行了估算，并注明了估算依据，主要过程如下：①识别并分析成本构成科目，本项目主要包括人力成本、设备购置成本、材料成本、应急储备等科目。②根据识别的成本构成科目，采用不同的估算方法估算每一科目成本大小。针对人力成本科目费用，我们参照历史项目采用类比估算法进行估算；针对设备成本，我们根据市场价乘以数量的参数估算法进行估算；针对材料成本，我们采用三点估算法进行估算。③分析成本估算结果，找出各种可以相互替代的成本，协调各种成本之间的比例关系。最终我们估算出项目人力成本（包括开发成本）为 378.46 万元；设备采购成本为 168.44 万元；差旅费为 20.10 万元、管理成本为 58 万元、应急储备为 49 万元等。不同估算方法的混合使用，提升了成本估算的准确度，为后续的制订预算打下了良好的基础。

3. 制订预算，确定项目成本基准，为监督和控制成本绩效提供依据

成本估算完成后，我们开始制订预算，制订预算是汇总所有单个活动或工作包的估算成本，建立一个经批准的成本基准的过程。我们根据项目成本估算结果、范围基准、资源日历、项目进度计划等，首先把估算的成本分配到了相应的工作包上，比如法院审务督察模块，我们把其分为了远程接访、远程提讯、执行指挥、安装监控等工作包，给每个工作包分配了相应的成本；接着我将工作包的成本分配到相应的活动上，比如安保监控工作包划分安装监控图纸设计、音视频布线、设备采购、摄像头安装、设备调试等活动，其中安装图纸设计成本 1.2 万元、音视频布线 7.8 万元、设备采购 48.79 万元、摄像头安装 6.6 万元、设备调试 5.5 万元。最后我们确定了各成本的支出时间，随后利用成本汇总工具，得到工作包的总成本为 581.07 万元，应急储备 48.21 万元，形成了预算计划，此预算计划经审批后成为了项目成本基准，本项目成本基准为 629.28 万元，此基准成为项目监督成本绩效、控制成本的依据，为便于后续成本控制，我们把按时间段分配的成本基准绘制成图，得到了一条 S 曲线。另外为了应对未知-未知风险，我特别预留了 63 万元的管理储备。特别需要注意的是，成本基准中没有包含管理储备。

4. 成本控制，监督成本绩效，降低项目风险

成本控制是监督项目状态，以更新项目成本，管理成本基准变更的过程，是成本管理的重点和难点，在该过程中，容易出现因过度关注成本而忽略了项目进度、质量等的现象，因此我们以成本基准为依据、项目管理计划为指导，采用了挣值管理进行绩效测量后，进行绩效审查，查找分析偏差，形成工作绩效信息，及时采取纠偏措施或预防措施，从而保证了成本的可控，如在项目中期的一次绩效测量中，CPI=0.89，SPI=1.09，项目进度超前，但成本超支，我们分析后发现是项目初期进度落后，我增加了两名高级程序员所致，于是我抽出了三名中级程序员，补充了一名高级程序员。经过一段时间后，项目进展顺利。同时，我们还加强成本预测和变更管理，如有变更则严格按变更管理流程进行管控。另外还定期给双方高层发送成本绩效报告，不定期地与相关干系人开展座谈，听取反馈意见。科学的监控和有效的沟通，确保了项目成本可控，有效地降低了项目风险。

经过全体团队成员的共同努力，我们按期完成了项目，实现了项目目标，顺利通过了法院方组织的验收，得到了双方领导的一致好评。本项目的成功离不开我对项目成本的科学管控，特别是在成本估算过程中，采用多种方法进行估算，提升了估算的准确率，同时在成本控制阶段，把成本、进度、范围等目标进行综合管理，形成了相互促进的良性循环。当然，在本项目中也还存在一些不足，如项目初期由于项目公司程序员紧缺，我们招聘了较多的新成员，导致项目前期虽然成本节约，但进度一度滞后，后期我通过采取加强管理和培训，增加高素质人员等，不但赶上了项目进度，且新成员的技能也得到了长足的进步。

项目管理是一门新兴的学科，学无止境，我永远在路上。

4.5 质量管理论文实战

4.5.1 2018 年上半年试题一

1．概要叙述你参与管理过的信息系统项目（项目的背景、项目规模、发起单位、目的、项目内容、组织结构、项目周期、交付的产品等），并说明你在其中承担的工作。

2．结合项目管理实际情况并围绕以下要点论述你对信息系统项目质量管理的认识。

（1）项目质量与进度、成本、范围之间的密切关系。

（2）项目质量管理的过程及其输入与输出。

（3）项目质量管理中用到的工具与技术。

3．请结合论文中所提到的信息系统项目，介绍在该项目中是如何进行质量管理的（可叙述具体做法），并总结你的心得体会。

4.5.2 写作思路

一、首先在背景中要体现出项目的背景、项目规模、发起单位、目的、项目内容、组织结构、项目周期、交付的成果，以及作者在其中担任的角色。

二、正文部分按质量管理的三个管理过程顺序写，每个管理过程都要结合项目背景体现出输入、工具与技术和输出的应用。

三、项目质量与进度、成本、范围之间的关系可在各管理过程中融入，也可以在质量控制管理过程写完后另起一段单独写它们之间的关系。

四、结尾部分要写出对信息系统项目质量管理的认识，总结经验教训。

五、可以在开头和结尾着重强调项目质量与进度、成本、范围之间的关联，首尾呼应，画龙点睛。

4.5.3 精选范文

作者：王跃利　　信息系统项目管理师

为解决日常出行、外出旅游、酒店住宿、商场购物时，新能源汽车充电难，停车充电不能兼顾的问题，提升企业影响力和竞争力，××企业提出了电动汽车充电桩收费云平台系统建设工作方案。2020 年 5 月，我作为项目经理参与建设该项目，该项目投资 450.79 万元，工期为 6 个月。该项目目标是建立远程××企业充电桩远程控制系统，实现企业建设的各区域充电桩管理，能够远程启动充电、强制停止、功率限制等控制指令，并能够自行分析充电站运营情况，从多个统计维度、特征指标来分析充电收入的分布和变化规律，全面地了解企业整体营收情况。

质量是一组固有特性，质量管理与项目成本、进度同为项目三大约束目标，它们相互制约、相互影响，是能否交付满足项目要求的可交付成果的关键。本文我以该项目为例，从规划项目质量管理、管理质量、控制质量几方面论述了信息系统项目的质量管理。

一是抓好质量管理规划工作，为质量管理和确认提供指南和方向。

要做好质量管理，一个完备可行的质量计划是必不可少的。规划质量管理是所有质量管理活动的开篇，为整个项目中如何管理和确认质量提供指南和方向。

在本次项目的管理中，我深知质量管理规划的重要性，专门设立了项目专职质量保证人员（QA），以确保质量管理计划的制订和有效执行。项目质量计划制订前，我与项目组专职质量保证人员与机场方领导、使用部门以及本公司上层领导充分沟通，了解他们对本项目的质量要求与期望，确定了本项目的质量目标：①通过系统呈现的小程序或网站实现企业建设的各区域充电桩管理，能够远程启动充电、强制停止、功率限制等控制指令；②能够自行分析充电站运营情况；③从多个统计维度、特征指标来分析充电收入的分布和变化规律；④全面地了解企业整体营收情况。随后我们根据范围说明书中的项目范围，找出可能影响产品质量的项目要点，并采用流程图和检查表等方法进行逐一分析，确定需要监控的关键元素，设置整体项目实施过程中合理的检查点及测量指标，形成质量核对单和质量测量指标。

质量管理计划编制完成后，项目组邀请了甲方领导、使用部门负责人、本公司高层经理等相关干系人对质量管理计划、过程改进计划、质量测量指标和质量核对表等进行了评审，对评审中相关干系人提出的反馈意见，项目团队及时进行更新，以确保各方对质量计划的一致认可。

二是做好管理质量相关工作，促进质量过程改进。

管理质量是把组织的质量政策用于项目，并将质量管理计划转化为可执行的质量活动的过程。

在本项目的管理质量过程中，项目组专职质量保证人员及工作小组，主要采用质量审计的方式，实施质量保证。质量审计可以实现以下五个目标：①识别全部正在实施的良好/最佳实践；②识别全部差距/不足；③分享所在组织或行业中类似项目的良好实践；④积极、主动地提供协助，以改进过程的执行，从而帮助团队提高生产效率；⑤强调每次审计都应对组织经验教训的积累作出贡献。就本项目而言，项目开展的质量审计不仅仅是采取后续措施纠正问题，给项目带来质量成本的降低，提高客户对项目产品的接受度，还确认了已批准的变更请求（包括纠正措施、缺陷补救和预防措施）的实施情况。因为在整个实施过程中，质量审计针对电动汽车充电桩收费云平台系统接口开发、基础数据收集、系统培训、系统安装及测试、系统联调、系统上线等主要控制环节进行评价，有助于保证质量控制系统有效运行并实现其成果，由此大大拓宽了内部审计的领域并使质量审计的内容起了重要变化。

另外，在该过程中，按照质量管理计划，我们采用过程分析，查找出增值活动、非增值活动和浪费。在过程分析中，根据实际操作人员需求，因充电桩充电流程文字提醒仍有使用者看不明白，导致误操作引发的故障率较高，严重影响维护人员工作，要求增加与平台后台监管人员对话功能，对于这一增值活动，我与相关干系人经实际调查和研究后，甲方增加该系统，增加预算 10 万元，随后我做好相关文件，提交甲方和我方领导批准，批准后我随之安排好 WBS 等相关工作，做好项目文件和项目管理计划的更新。

三是抓好控制质量，确保实现质量目标

控制质量的主要目的：一是核实项目可交付成果和工作已经达到主要干系人的质量要求，可供最终验收；二是确定项目输出是否达到预期目的，这些输出需要满足所有适用标准、要求、法规和规范。

在本项目的控制质量过程中，项目管理小组按步骤、有条不紊地开展质量控制，首先是选择控制对象，如在对电动汽车充电桩收费云平台系统接口设计过程中，确定接口连接匹配度作为控制对象；第二是为控制对象确定标准或目标，接口要有高度兼容性，与企业现有充电桩产品数据输出匹配；第三是制订实施计划，确定保证措施，项目管理小组制订了数据传输测试计划；第四是按照计划实施即可；第五是要在项目实施过程中采用控制图跟踪监测和检查，接口设计匹配度合理可用。如果发现问题，则利用因果图从"人机料法环"等方面找到问题的原因，采用措施确保质量符合要求。

这里只是简单举了一个控制点的例子，在项目的管理过程中，在各个重要控制点，如采购、安装、验证、测试等工作完成之时，实行阶段性审查和评审，对于发现的问题及时组织相应的责任人在规定的时间段内予以解决。

四是综合协调质量与成本、进度、范围的关系

质量与成本、时间、范围同为项目四约束，作为项目经理，我深知，如果质量不合格，必然会导致返工从而使项目成本增加、进度延误、范围扩大。同理，如果过度地关注质量，同样需要加大成本和时间投入，需要额外做更多的工作，因此，我们需要在质量与成本、进度、范围各目标之间进行统一协调，综合平衡，才能确保项目实现目标。在项目实施过程中，我要求既不能为了镀金而追求过高的质量标准，也不要为了一时相关指标的下降而降低质量要求，确保严格按制订好的标准实施等。

通过一步一步有力的管理质量和控制质量活动，该电动汽车充电桩收费云平台系统建设按照预定的方向一步步前行，我们按期完成了项目工作，满足了项目质量要求，顺利通过了企业方组织的验收。本项目的成功离不开我科学规范的质量管理。特别是通过加强管理质量工作，增加了团队成员质量意识，确保项目工作按计划流程进行，同时，把质量与成本、进度、范围进行综合协调、平衡。当然，在本项目管理中也存在不足之处，如在项目初期，有部分团队成员认为项目阶段评审就是走过场，不认真对待和配合。后期我通过邀请相关专家进行了质量培训，使大家增强了质量意识，认识到了阶段评审的重要性，后期评审工作进展顺利。

4.6　资源管理论文实战

4.6.1　2023 年下半年试题

项目资源管理包括识别、获取和管理所需资源以成功完成项目的各个过程，这些过程有助于确保项目经理和项目团队在正确的时间和地点使用正确的资源。

请以"信息系统项目的资源管理"为题，分别从以下两个方面进行论述：

1. 概要叙述你参与管理过的信息系统项目（项目的背景、项目规模、发起单位、目的、项目内容、组织结构、项目周期、交付的成果等），并说明你在其中承担的工作（项目背景要求本人真实经历，不得抄袭及杜撰）。

2．请结合你所叙述的信息系统项目，围绕以下要点论述你对信息系统项目资源管理的认识，并总结你的心得体会。

（1）资源管理的过程；

（2）请结合你所叙述的信息系统项目，说明实物资源与人力资源在获取资源和管理控制方面的不同。

4.6.2　写作思路

一、在背景中要体现出项目的背景、项目规模、发起单位、目的、项目内容、组织结构、项目周期、交付的成果，以及作者在其中担任的角色。

二、过渡段强调获取、管理及控制实物资源和人力资源方面存在不同，突出主题。

三、正文部分按资源管理的六个管理过程顺序写，在资源管理的管理过程中要体现出常用的管理方法及输入、输出。

四、要在获取资源过程详细描述获取实物资源和人力资源的区别。

五、要在建设、管理项目团队过程说明管理实物资源和人力资源的区别。

六、要在控制资源过程说明控制实物资源和人力资源的区别。

七、结尾部分要写出对信息系统项目资源管理的认识，总结经验教训。

八、可以在结尾着重强调该论文的要求，做到首尾呼应，画龙点睛。

4.6.3　精选范文

作者：刘开向　　信息系统项目管理师

为切实增强党内政治生活的时代性，主动适应信息时代新形势和党员队伍新变化，积极运用互联网+、大数据等新技术，创新党组织活动内容、方式等，××市提出了"智慧党建"信息系统项目建设方案，并对项目进行了公开招标，我公司顺利中标。我公司为强矩阵型组织，2020 年 5 月，我被任命为项目经理，全面负责该项目的建设管理。该项目共投资 821.38 万元人民币，建设工期为 9 个月。通过该项目的建设，建立起了包含两类信息（党员信息和党组织信息）+五类终端（党建大屏、电脑端、微信端、党建 APP、智能一体机）+10 大平台（学习平台、党务平台、宣传平台等）为一体的综合信息系统。该系统采用 Spring Boot 作为基础框架，在数据库方面采用 openGauss，为了提高应用程序的性能及可扩展性，我们使用 Redis 作为缓存中间件，使用 RabbitMQ 作为消息队列中间件，通过 Tomcat 中间件部署运行在 CentOS7 操作系统服务器上；网络方面在业务出口设置防火墙，配置负载均衡设备，提高网络负载能力和使系统具备高可用性。实现了该市党建业务、党员在线学习、在线考试、信息发布等功能于一体，进一步提升了党建工作科学化水平。

由于本项目涉及设备种类多，团队成员组成复杂，因而项目的资源管理显得尤为重要。项目资源是指对于项目来说，一切具有使用价值，可为项目接受和利用，且属于项目发展过程所需要的客观存在的资源，包括实物资源和团队资源。项目资源管理包括识别、获取和管理所需资源以成功完成项目的各个过程。在项目实施过程中，我充分意识到实物资源与人力资源的获取、管理及控制方面都存在差异，实物资源管理强调在满足项目需求的同时高效利用，人力资源则强调对团队进行指导与管理，打造高效团队，以实现项目目标。本文以该项目为例，结合本人实践，从规划资源管理、估算活动资源、获取资源、建设团队、管理团队、控制资源几方面论述了信息系统项目的资源管理。

一、规划资源管理，拟定实物资源和团队资源获取、管理控制的方法

规划资源管理是资源管理的基石，是一个项目成功的开始，我和我公司高层、相关专家根据项目进度计划、范围基准、干系人登记册等相关文件资料召开会议，由于本项目涉及党建大屏、电脑端、微信端、党建 APP、智能一体机、防火墙，负载均衡设备、热备设备等实物资源，同时也涉及公司多个部门职员，甚至有可能需要外聘部分技术人员，同时考虑到实物资源和团队资源在获取、管理控制上的不同，我们分别制订了团队管理计划和实物资源管理计划。在团队管理计划中明确了项目的角色与职责，定义、配备、管理和最终遣散项目团队资源的方法等内容；在实物资源管理计划中明确了获取和控制资源的方法等。整理后形成了项目资源管理计划，为后续的资源管理提供了方法和指南。

二、估算活动资源，明确项目所需的资源种类、数量和特性

估算活动资源是估算执行项目所需的团队资源，以及材料、设备和用品的类型和数量的过程。我们以活动清单为依据，结合参照资源管理计划和风险登记册等，采用自下而上估算与类比、参数估算方法相结合，先对活动采用类比或参数估算的方法，得到单个活动所需资源，包括实物资源和人力资源，然后把所估算的单个活动所需资源逐级进行汇总，最后估算出各活动所需资源的种类和数量，如开发党建 APP 需要 2 名 IOS 开发工程师、3 名 Android 开发工程师、2 名测试工程师等、5 台开发电脑、2 套调试系统和 2 部手机。得到了活动资源需求后，把其按人力资源、材料资源、设备资源、用品资源等进行分类，形成了资源分解结构。具体如下图所示：

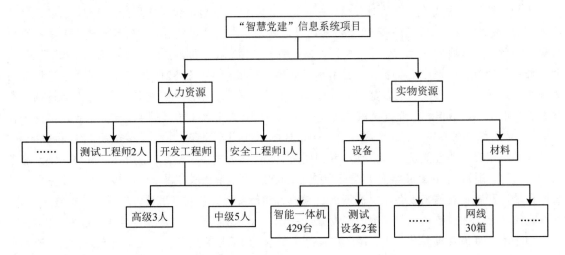

详尽的资源估算为团队组建和有效的资源控制打下了良好的基础。

三、获取资源，组建一个完备的项目团队和获取实物资源

获取实物资源和团队资源的方法及考虑因素是存在差别的。在确认了团队管理计划和组织图后并估算了活动资源之后，我根据项目进度计划、资源分解结构以及项目进展的情况，针对实物资源，我们主要考虑"物"的因素，包括资源高效利用，减少浪费，并确保资源的安全和可持续性，采用决策技术分别从可用性和成本、及时性、安全性等方面进行了权衡，然后采用不同的方式去获取，如智慧党建智能一体现，我们通过公开招标的方式进行采购，如测试工具，则采用租赁的方式获取；针对团队资源，我们主要考虑"人"的因素，对经验、知识、技术、态度等重要性对标准进行加权选择，如测试工程师，我们更多的是考虑经验和态度，如开发工程师，我们则重点考虑知识和技术等，然后根据项目需求与公司职能部门经理保持良好沟通，争取到所需团队资源，对于稀缺的，如系统安全工程师，我们则采用虚拟团队的方式，把身处异地的李工纳入了团队中。并采用 RACI 矩阵对团队成员进行了职责分配，编制了资源日历和物质资源分配单及项目团队派工单，并随着项目进行实时更新。

四、建设和管理项目团队，打造高效团队，提升和优化团队绩效

团队资源管理与实物资源管理存在不同，实物是"死"的，人是"活"的，相对而言，团队资源管理更具复杂性，因为涉及个人能力、经验、知识等的差异，团队氛围、团队交流、团队文化等多种因素，同时，人又是项目管理中最活跃的因素，能否实现项目目标与人的因素直接相关。因此，在团队建设、管理中，需要提高团队工作能力，促进团队成员互动，改善团队整体氛围，便于团队之间的沟通协作，同时还要跟踪团队成员工作表现，提供反馈、解决问题并管理团队变更以优化项目绩效。更加注意对团队成员的指导、激励、绩效等。

项目团队组成后，我根据人力资源管理计划和项目人员分派，组织大家集中在一起办公，制定了基本规则，明确规定了团队纪律等。同时，为了提升团队成员技能，我安排各小组组长定期给其组员先进行培训，举行交流讨论会，推广先进做法，分析不足，此举不仅节约了项目成本，还促进了团队成员间的交流互动。另外，我还定期开展团建活动，如组织给团队成员过生日等。通过一段时间的磨合，我们团队从形成阶段快速地跨过了震荡阶段，步入了规范阶段，向发挥阶段进发，经评估团队绩效明显提升，得到了××市工委和公司领导的一致肯定。

在管理团队过程中，我特别关注问题日志及工作绩效报告，并据此对团队成员进行跟踪，以发现问题，解决问题，如在项目实施过程中，我发现招聘的几名大学生频繁请假，经我与他们交谈后得知，请假的原因是参加工作面试，于是我充分运用马斯洛层次理论，把其需求归集于安全需求，与公司领导沟通后承诺只要在本项目中他们绩效考核达到 A 级，就会与他们签订长期合同，解决了他们的后顾之忧，使他们在工作中充满了热忱。团队管理中另一个突出的重点是冲突处理。在冲突处理中，我始终把握如下原则：一是不回避冲突，二是公开的处理冲突，三是聚焦冲突的问题。如在接口开发过程中，开发小组两名成员因一个算法产生了冲突，互不相让，让开发工作一度停滞，我得知后，立即组织两人进行了面对面的交流，并就此问题咨询了虚拟团队中的项目开发顾问，最终在友好合作的氛围中解决了问题。

五、控制资源，确保实物资源的高效利用

相对而言，实物资源相对容易预测和量化，但管控上也存在资产损坏、资源浪费等风险，实物资源管控涉及其全生命周期，包括采购、入库、领用、维护等。在项目开发过程中，我根据资源管理计划、项目进度计划等定期监督资源的分配、使用和释放，如针对智能一体机，我们严格按照项目合同质量要求，拟定采购的产品规格，确保物尽其用，然后采用公开招标的方式，获得了物美价廉的产品，产品到货后，存放环境保证适宜电子产品存放的温度、湿度、照明电等，对设备进行分区存放，入库时先进行产品验证，然后库房管理员核对采购设备对应项目，并要求供应商提供运货单或者到货证明等；库管员还定期检查库存情况，防止产品在贮存期内的劣化、损坏和变质等；出库时，严格出库手续。最终确保了所分配的资源适时、适地可用于项目。同时，在资源不再被需要时及时释放，如租赁的测试系统设备，以避免资源浪费。

经过我们团队的共同努力，我们在批准的预算和时间内完成了项目工作，实现了项目目标，得到了双方领导的一致好评。本项目的成功得益于我成功的资源管理，特别是针对实物资源和人力资源进行了不同的管控，确保了"人尽其才，物尽其用"。当然，在本项目中，也有一些不足之处，如在项目的实施过程中，出于成本节约的考虑，招聘了较多的大学生，且培训时间较短，导致项目前期虽然成本节约，但项目进度一度滞后，后期我通过采取加强培训，老程序员一对一的传帮带等措施，不但赶上了项目进度，且项目完成后，新进的大学生的开发水平和经验也得到了长足的进步。

为学患无疑，疑则有进。在项目管理浩瀚无边的大海里，时刻保持空杯心态持续学习，是我的心态。资源管理是基石，是项目成功的基础，唯有咬定基石不放松，方能任尔东西南北风。

4.7 沟通管理论文实战

4.7.1 2019 年下半年试题二

1. 概要叙述你参与管理过的信息系统项目（项目的背景、项目规模、发起单位、目的、项目内容、组织结构、项目周期、交付的成果等），并说明你在其中承担的工作（项目背景要求本人真实经历，不得抄袭及杜撰）。

2. 请结合你所叙述的信息系统项目，围绕以下要点论述你对信息系统项目沟通管理的认识，并总结你的心得体会：

（1）项目沟通管理的过程。

（2）项目干系人管理过程，并结合项目管理实际情况制订一个具体的干系人管理计划。

4.7.2 写作思路

一、首先本文属于标准的双拼论文，架构上建议以五大过程组的顺序写，即按启动、计划、执行、监控、收尾过程组来写。同时可以把收尾过程组与常见的结尾合并，以收尾过程组为论文结尾。

二、在背景中要体现出项目的背景、项目规模、发起单位、目的、项目内容、组织结构、项目周期、交付的成果，以及作者在其中担任的角色。

三、正文部分按五大过程组顺序写，过程组中要写出沟通管理和干系人管理的管理过程。

四、要在规划阶段结合项目管理的实际情况写出一份干系人管理计划。

五、可以在背景和收尾过程组着重强调项目沟通管理与干系人管理之间的关联，突出论题。

4.7.3　精选范文

作者：唐徽　　信息系统项目管理师

2020 年 6 月，我参与了钢铁行业某公司 ERP 项目实施，该项目总预算 2201 万元人民币，建设工期为一年半。本项目主要完成公司 IT 整体规划（ITP）、BPR 业务流程优化、ERP 系统实施、MES 系统实施、ERP 和 MES 的接口、MES 与 PCS/DCS 的系统接口开发等功能。四级 SAP 系统主要以 ERP 的标准流程为依据，结合公司的 IT 整体规划，采用 Oracle 数据库实施。三级 MES 系统主要采用 B/S 架构，利用 SQL Server 2005 数据库，采用 C#.net 技术进行功能开发。2020 年 5 月 15 日的招标会中我公司以优质的产品、技术、服务和价格，在公开招标中中标，并在 2020 年 6 月 10 日签订合同。在该项目的工作过程中，我重点加强了沟通和干系人管理，做好干系人识别，规划好沟通和干系人的管理计划，执行好管理沟通和管理干系人参与，控制好沟通和干系人参与。在沟通和干系人管理过程中，我特别注重与相关干系人的沟通和协调，每周召开会议，汇报相关情况，在过程中与相关干系人加强沟通，优化沟通途径和方法，取得干系人的支持和满意，因此圆满地完成了该项目，获得了甲方和公司的一致好评。

该项目干系人众多且复杂，有效的沟通管理对项目实施至关重要，是项目成功的保障。在建设过程中，我非常重视沟通管理的作用，充分识别项目干系人，了解他们的信息需求，制订详细沟通管理计划和干系人参与计划，并及时收集项目绩效，采用合适高效的沟通渠道，管理项目干系人参与，以平衡他们的期望，保障项目的顺利进行，在控制干系人参与的过程积极引导干系人参与项目。下面我以该项目为例，叙述项目中的沟通管理和干系人管理。

一、在启动过程中，做好项目干系人识别工作，并分析他们的利益层次、个人期望、重要性和影响力，为项目的成功打下基础

在项目启动后，我、相关专家和干系人，根据项目章程、采购文件等相关资料，采用干系人分析和会议的方法进行了干系人识别，利用权力/利益方格，对干系人进行分类，制定了干系人名册，其主要内容是：甲方领导、甲方项目负责的主要领导、相关职能部门负责人和工作人员、我方领导、我和项目团队成员、设备供应商等。

二、规划阶段，做好规划干系人参与和沟通管理，建立起对各个干系人的适度关注，并采取不同的沟通方式

根据干系人名册和项目管理计划等相关文件，我、相关专家和干系人召开会议，制订了干系人参与计划，该计划为干系人互动提供指导，以获得他们的支持。该计划内容为：定期或不定期地进行干系人识别工作，对于不同干系人采取不同的措施，利用分析技术把干系人分为不了解、抵制、

中立、支持、领导等。把项目发起人、建设方领导、承建方领导、团队成员等利用干系人参与评估矩阵，来记录这些干系人的当前参与程度。甲方项目负责的主要领导对项目有很高的权力，也很关注项目的结果，对其"重点管理，及时报告"。一般工作人员，没有权力，利益低，对其"随时告知"等。比如，定期对甲方重要领导汇报项目情况，令其满意；对甲方项目直接领导和职能科室负责人及骨干人员做到重点管理；对后勤科室相关干系人随时告知他们项目的状态，保持及时的沟通；对甲方公司其他相关科室，进行相关的沟通，争取他们的支持，并积极发现增值活动。我们制作了不同的文档，如项目需求申请，满意度调查表等，以满足相关干系人的沟通需求。

做好规划干系人参与后，我随之进行了规划沟通管理工作，针对该公司的实际情况，因不同科室需要的系统不一样，比如甲方领导，甲方职能科室负责人和后勤部门上班时间和办公地点的不同，对甲方领导采取工作汇报和会议形式，向其当面汇报项目情况，其主要内容是当前工作进度、成本的工作绩效报告和后期工作安排和进度。估算了沟通管理需要的资源和费用。项目团队采取集中办公，定期召开会议，对项目中的活动进行分析和总结。加强干系人之间的相互沟通，减少不利的冲突。

会后整理好干系人参与计划、沟通管理计划和会议内容上报甲方领导和我方高层，经其批准，纳入基线管理，之后对项目文件和项目管理计划进行更新。

三、执行阶段，管理沟通中加强干系人参与管理，取得更好的沟通有效性和效果，获得干系人的支持，更好地完成项目工作

项目在开展的过程中，根据沟通管理计划和干系人参与计划，我们要有效率和效果的沟通，取得干系人的支持，减少冲突和矛盾，使得项目可以更好地完成，取得双方都满意的结果。我和我的项目团队特别注重与干系人的沟通和管理干系人参与，对不同的干系人采用不同的沟通方法和技巧相当重要，一个好的沟通方法和技巧，可以使得双方在愉快的环境下，解决冲突和问题。该项目在基础数据收集阶段，我在制订好需求收集计划，经双方领导签字后，就立刻让人做好需求调查表，同时让项目管理办公室通知相关科室和干系人，我们要进行需求收集，希望相关干系人积极配合，协调好相关工作。然后进入各科室进行需求收集，与他们面对面交谈，指导他们，对我们公司的系统进行初步介绍，针对他们的需求解释我们系统中的功能模块，然后指导他们填写好需求调查表。最终圆满地完成了这次需求收集，而且比计划进度提前 5 天，受到了甲方和我方的高度赞扬。通过管理沟通和管理干系人参与，降低了一些干系人的抵制，我们取得了越来越多有效率和有效果的沟通，获得了干系人的支持和理解，为项目的完成打下了坚实的基础。

四、控制阶段，监督好沟通和干系人参与，找到问题，分析原因，不断优化，使得项目信息流动最优化，显著提高项目成功的机会

监督沟通和干系人参与在整个项目中相当重要，这关系到我们能取得相关干系人多少理解和支持。在该过程中我定期或不定期地与相关干系人举行会议，总结问题提交表、需求调查表，以及他们对我们当前工作的意见和以后工作的期望。我将平时收集的工作绩效信息进行挣值分析，对于偏差及时分析，和相关干系人沟通协商处理进度、成本和质量相关问题，提出解决方案。对于项目团队成员，我定期进行工作绩效考核和问题处理会议，让大家有什么意见都可以提出来，我们一起解

决，把冲突处理在第一时间内，不让冲突进一步发展。该过程不断地进行干系人识别，更新相关的沟通方式和方法，不断地找问题，分析原因，使得项目信息流动最优化，提高了项目成功的概率。该过程严格按照变更流程处理相关变更。

五、项目结束的时候，做好沟通管理和干系人管理的组织过程资产总结，为后期项目做好知识管理

经过全体成员的努力，在 155 天内完成了该项目，实际花费 2183.15 万元人民币，比合同提前了 25 天，节约近 20 万元人民币，赢得了甲方与公司的一致好评。回顾而言，项目的成功很大程度上归功于我在项目的沟通管理和干系人管理中采取了面对面的交流、问题提交表、需求调查表和电话沟通等方式进行有效率和效果的沟通，不仅仅减少了我与甲方的冲突和矛盾，也锻炼了团队成员的沟通能力和技术水平，减少团队成员的冲突和矛盾。但是在项目培训过程中，由于对一般工作人员的工作时间没有充分考虑，没有与相关科室负责人沟通好，耽误近三天的时间，增加了培训直接成本，之后我采取措施，根据工作人员工作安排调整了该培训计划，晚上或周末休息时间对没有参加培训的工作人员进行加班培训，这次教训告诉我在以后的工作中一定要结合实际情况，及时了解相关干系人的工作和休息时间，再来制订计划。我把这次教训总结在我自己的工作失误笔记中，以备为后期项目提供组织过程资产。

4.8　干系人管理论文实战

4.8.1　2023 年下半年试题

项目干系人管理是对项目干系人需求、希望和期望的识别，并通过沟通上的管理来满足其需要、解决问题的过程。

请以"论信息系统项目的干系人管理"为题进行论述，分别从以下两个方面进行论述：

1. 概要叙述你参与管理过的信息系统项目（项目的背景、项目规模、发起单位、目的、项目内容、组织结构、项目周期、交付的成果等），并说明你在其中承担的工作（项目背景要求本人真实经历，不得抄袭及杜撰）。

2. 请结合你所叙述的信息系统项目，围绕以下要点论述你对信息系统项目干系人管理的认识，并总结你的心得体会。

（1）项目干系人管理的过程，各过程的执行要点；

（2）利用干系人参与度评估矩阵分析，详细说明你所描述的项目中的干系人，你是如何对其进行分类管理的。

4.8.2　写作思路

一、在背景中要体现出项目的背景、项目规模、发起单位、目的、项目内容、组织结构、项目周期、交付的成果，以及作者在其中担任的角色。

二、正文按干系人管理过程顺序写，不能随意合并或裁剪。

三、需要在规划干系人参与过程，详细论述如何利用干系人参与度评估矩阵来对干系人进行分类。

四、在管理干系人参与过程要写出如何引导干系人参与项目，达到期望的参与水平。

五、在监督干系人参与过程要写出干系人实际参与项目水平与期望参与水平不一致时如何解决。

六、结尾部分要写出对信息系统干系人管理的认识，总结经验教训。

七、可以在开头和结尾适当强调干系人参与矩阵的应用，突出主题。

4.8.3 精选范文

作者：刘开向　　信息系统项目管理师

为落实中国人民银行对商业银行现钞冠字号码管理的要求，有效控制假币流通风险，××银行于 2021 年 4 月提出冠字号管理系统项目建设方案，并对项目进行了公开招标，我公司顺利中标。我公司为项目型组织，2021 年 5 月，公司通过发布项目章程任命我为项目经理，全面负责该项目的建设管理。该项目共投资 692 万元人民币，建设工期为 9 个月。建设内容包括该行冠字号管理系统中心端、采集端、应用系统的开发集成。该系统采用 HP380GEN10 服务器，运用 C#开发和 JDK 中间件，支持 ORACLE 数据库，采集端采用 C/S 架构，应用端采用 B/S 架构，拟通过该项目的建设，实现该银行所有网点流通现钞冠字号码采集与管理，并与人民银行反假币中心相联，对假币、异常号码币实施全面跟踪和监控，以降低假币流通的风险。

由于本项目涉及全省 87 个县市 642 个金融网点，包括 9 个不同品牌共 2000 多台的金融机具，范围广、干系人众多，因而项目的干系人管理显得尤为重要。干系人管理是指对项目干系人需求、期望的识别，分析干系人对项目的期望和影响，制定管理策略有效调动干系人参与项目决策和执行的过程。项目经理和团队管理干系人的能力决定着项目的成败。为提高项目成功的概率，我们在该项目管理过程中，把干系人满意度作为项目目标加以识别和管理，尽早地开始识别干系人，并采用干系人参与矩阵对干系人进行了分类，引导干系人合理参与项目，提升了干系人参与项目的效率和效果。本文我以该项目为例，从干系人识别、制订干系人参与计划、管理干系人参与、监督干系人参与几方面论述信息系统项目的干系人管理。

一、全面识别干系人，为干系人管理奠定基础

干系人识别是分析和记录影响项目或受项目影响人员及相关信息的过程。此过程执行要点是要全面和反复地识别干系人。为了全面识别出项目干系人，我和项目团队、银行代表，根据采购文件和项目章程，采用影响方向和权力/利益方格对干系人进行了识别和分类，识别出了"向上"的项目干系人有双方领导、银行科技中心的技术人员和银行各级业务部门人员及 PMO；"向下"的项目干系人有项目顾问、虚拟团队专家；"向外"的干系人有项目团队外的干系人群体及其代表，如监管部门人民银行相关人员、供应商、设备厂商等；"横向"的干系人有项目经理的同级人员，如公司职能部门领导人员，还有团队成员等人。识别出相关的干系人后，接着我们评估每个干系人可能

产生的影响或提供的支持，在此过程中，我们采用权力/利益方格把干系人分成了四类：一是对项目影响权力大利益高的干系人，如双方领导、银行代表；二是权力高利益低的干系人，如当地人民银行监管人员；三是权力低但利益高的干系人，如项目团队成员、银行各级业务部门人员；四是权力低利益也低的干系人，如设备厂商。最后评估关键干系人对不同情况可能做出的反应或应对。经整理后形成了包括干系人基本信息、分类信息、评估信息等的干系人登记册，且在项目实施过程中不断更新。全面的干系人识别为后续的干系人管理奠定了良好的基础。

二、对干系人参与度进行评估，制订可行有效的干系人参与计划

此过程的执行要点是制定合适的管理策略，以有效调动干系人参与项目。为了达到此目的，我们从干系人的需求入手，通过干系人登记册上的相关信息，分析他们的沟通信息需求、项目需求、潜在影响等，然后把干系人参与项目水平分成了不知晓、抵制、中立、支持、领导五类。不知晓型的干系人是不知道项目及其潜在影响，如部分银行网点人员；领导型的干系人了解项目及其潜在影响，而且积极参与以确保项目取得成功，如银行科技部的李主任等。然后采用干系人参与度评估矩阵记录干系人的当前参与项目程度和需要参与程度。具体如下：

干系人	不知晓	抵制	中立	支持	领导
公司高层					CD
银监部门				CD	
设备厂商			C	D	
银行网点人员	C			D	
银行科技部李主任					CD

注：C 代表干系人的当前参与水平，D 代表期望的干系人参与水平。

通过该矩阵，我们可以清楚地知道干系人当前参与项目的程度和需要参与程度的差距，我们根据分析的结果，明确了不同的干系人将要采取的管理策略，沟通需求、沟通频率和时限以及对每个阶段沟通信息等内容，以调动干系人参与，形成了干系人参与计划。并随着项目的进展，由我不断地更新，以确保计划的可操作性。

三、管理干系人参与，提升干系人的支持，降低干系人的反对

管理干系人参与是与干系人进行沟通协作，以满足其期望，解决其问题的过程。执行要点是尽可能提高干系人的支持度，并降低干系人的抵制程度。

我们根据干系人参与计划和沟通管理计划，利用干系人参与评估矩阵，灵活选择沟通方式，通过有效率有效果的沟通，满足干系人期望，促使干系人实际参与水平与期望参与水平一致，如银行网点人员，当前参与水平是"不知晓"，期望参与水平是"支持"，针对此情况，我们与该行科技部协商后，由我们项目组分三期组织对全行网点人员进行了一次业务培训，详细介绍了系统上线后实现的功能，如系统上线后能把业务交易流水号与现钞冠字号码进行关联，对于错账的追查特别方便快捷等，并采用交互式沟通方法，在培训现场进行了操作演示、现场答疑，打消了网点人员担心系

统操作复杂的顾虑等，其对项目的参与水平也由原来的"不知晓"转为了期望的"支持"。如公司高层，其当前项目参与水平是"领导"，即了解项目及其潜在影响，而且积极参与以确保项目取得成功，我们评估的其期望参与水平也是"领导"，为了获得持续的支持承诺，我们针对其主要关注投入产出上的合理性的需求，采用推式沟通，定期把项目实施过程中的一些绩效信息，如对成本和进度绩效、风险等的影响以邮件的形式向其报告，让领导能随时掌握项目投入产出相关信息等。

通过上述一系列措施及干系人参与矩阵得知，干系人实际参与水平与期望参与水平逐步趋于一致，干系人满意度也进一步提升。

四、监督干系人参与，提升干系人参与项目活动的效率和效果

随着项目的进行，工作内容在变化，环境在变化，干系人的参与水平也在变化。因此需要全面监督项目干系人之间的关系，协调各种需求的冲突，通过干系人参与矩阵定期评估干系人当前参与水平与期望参与水平是否一致，如有变化则调整策略和计划，以提升干系人参与项目的效率和效果。

比如，针对冠字号数据保存时长问题，原定是保存 90 天，银行科技部的李主任是支持的，但业务部的王主任反对，认为保存 90 天太短，希望能保存一年。科技部和业务部就意见不一，双方各持己见，于是我召集双方进行了面对面的交流，把冠字号数据保存时长需要投入的成本和实现方案进行了讲解，把现有存储容量进行了核算，最终双方达成一致意见，在现有存储设备条件下，尽可能延长保存时限，最终冠字号数据保存时间确定为 6 个月，双方均对此表示支持，顺利解决了此冲突，其参与水平也继续保持不变，皆大欢喜，体现了该过程的执行要点，提升干系人参与项目的效率和效果。随后我通过提交变更请求，遵循变更管理流程解决了这一问题，并把相关信息进行记录，更新了项目文件。

经过我们团队的共同努力，我们在批准的时间和成本内完成了项目工作，实现了项目目标，得到了双方领导的好评。本项目的成功得益于我成功的干系人管理，特别是利用干系人参与矩阵对干系人参与水平进行评估，然后采取针对性的策略，有效地调动了干系人合理参与项目。当然，在本项目中，也有一些不足之处，如在项目的实施过程中，由于该银行有轮岗制度，人员调动频繁，增加了干系人管理的难度，我通过加强与银行代表的协作，较好地解决了此问题。在今后的项目管理工作中，我将一如既往地加强项目管理学习，砥砺前行！

4.9　采购管理论文实战

4.9.1　2020 年下半年试题二

1. 概要叙述你参与管理过的信息系统项目（项目的背景、项目规模、发起单位、目的、项目内容、组织结构、项目周期、交付的成果等），并说明你在其中承担的工作（项目背景要求本人真实经历，不得抄袭及杜撰）。

2. 请结合你所叙述的信息系统项目，围绕以下要点论述你对信息系统项目采购管理的认识，并总结你的心得体会：

（1）项目采购管理的过程。

（2）如果需要进行招投标，请阐述招投标程序。

4.9.2　写作思路

一、首先在背景中要体现出项目的背景、项目规模、发起单位、目的、项目内容、组织结构、项目周期、交付的成果，以及作者在其中担任的角色。

二、正文部分按采购管理的三个管理过程顺序写，每个管理过程都要结合项目背景体现出输入、工具与技术和输出的应用。

三、在实施采购过程中要结合项目背景写出招投标程序。

四、结尾部分要写出对信息系统项目采购管理的认识，总结经验教训。

五、可以在结尾着重强调项目招标投管理的重要性，突出论题。

4.9.3　精选范文

作者：胡强　　　信息系统项目管理师

近年来，全国各地人才交流中心单一的服务职能已无法满足城市化发展的进程，在政策的指导下逐渐向人力资源产业园的方向转化，通过政策补贴吸引大批人力资源企业加盟入驻，实现人力资源服务的产业规模集聚效应，而人才交流中心自身的职能也由人力资源服务职能转变为产业园管理职能。2021 年 11 月，某市人才交流中心（属人社局下属的公益一类事业单位）公开招标智慧人力资源产业园系统项目，我司顺利中标，中标价为 668.17 万元人民币，项目建设工期为 12 个月。随后公司委任我担任项目经理一职，负责项目的全面管理工作，并授权我从公司各部门抽调精干人员组建强矩阵型的项目团队。

该项目包含服务大厅子系统、园区门户子系统、园区管理子系统、运营支撑子系统、运行监测子系统、人力资源服务产业资源子系统、数据对接子系统等 7 个子系统，数据库使用 MySQL 搭建多主多从集群，采用 Spring Cloud 微服务架构，强制要求根据国家人社部统一规定的部标字典和接口规范进行开发，项目进行编码之前需要对开发人员进行正式培训。由于某市人社局领导及人才交流中心高层对项目期望值高，本项目子系统众多，部署环境复杂（分别部署在本地局域网、人社局的政务外网和互联网），涉及业务功能繁多，项目组成员也较多，要在规定的时间内完成相当困难，我深知项目采购管理的重要性和困难性。为了保证项目在预定时间内完成，我带领团队成员从规划采购管理、实施采购、控制采购等 3 个过程进行了项目的采购管理工作。为了保证项目分包采购的进度与质量，在该项目的实施采购过程中我严格按照招投标流程进行项目的采购。

一、规划采购管理，为整个项目的采购管理提供指南和计划

在项目规划阶段，我根据项目管理计划、项目章程、风险登记册、活动资源需求、干系人登记册等资料，邀请了双方的管理层和客户的项目经理、监理方的项目经理、我方的专家骨干一起以专题会议的形式，进行了自制/外购分析，结合实际对公司模板进行了裁剪，确定了采购管理计划和采购工作说明书。在采购工作说明书中，规定了采购工作范围为设备采购、综合布线和施工物料，

其中综合布线部分和物料采购在某市当地以公开招标的方式进行采购;操作系统、LED 大屏幕和服务器等大宗软硬件设备采购因为技术比较成熟则通过邀标的方式进行采购。采购工作说明书的确定为项目采购管理工作顺利开展奠定了良好的基础。会后我们进一步细化得到了采购文件。

随后我们整理了以上成果并提交到双方高层和监理审批,批准后更新了项目管理计划和相关的项目文件并纳入了基线管理,为后续工作提供指导,并把以上成果以邮件方式发送给了相关干系人。阶段性成果获得了双方高层的首肯和支持。

二、实施采购,严格按照国家相关的法律法规进行项目相关的招投标,为项目实施提供设备和物料资源支持

项目实施过程中我根据采购计划、采购工作说明书和采购文件组建了采购小组。

为了开展公开招投标,我们在某市联系了一家招标代理,签订了招标代理合同。2021 年 12 月 2 日公开挂标出售招标文件。12 月 22 日上午 9 点开标,我方采购小组组长作为业主代表和招标代理在专家库中抽选的 4 名专家共 5 人一起组成了评标委员会参与了评标。招标代理展示了投标情况,共有 4 家投标供应商采购了招标文件、支付了投标保证金并提交了投标文件。经评标委员会评审,其中有 1 家供应商的投标文件未对打★的关键指标进行响应,因此其投标文件无效。评审结果,其中 1 家供应商的商务分、技术分和信用评分均最高,价格得分也较高,总分远远超过其他两家,因此被评为首选中标供应商,其他两家依次被评为第二、第三候选供应商,随后对招标结果进行了为期 3 天的公示,公示期间未收到任何异议。招标代理在与我方书面确认之后联合向中标供应商出具了中标通知书,并把中标结果通知了其他投标人。我方与中标供应商于 12 月 28 日签订了采购合同,随后招标代理退回了各投标人的投标保证金。

而邀标采购工作则经向公司高层请示之后,在公司举行。采购小组从我省政府公布的供应商库中考察了一些资质和信用较好的供应商,于 12 月 5 日向其中 5 家发出了投标邀请函。5 家供应商均派了代表来应标,并在规定时间内提交了投标文件。我们于 12 月 25 日在公司会议室举行了评标会,从公司专家库中抽取了 5 名评标专家与我和采购小组组长共 7 人组成评标小组进行了评标。会议开始后,由各投标公司相互检查标书密封情况,均无异常。采购小组组长唱标后,各投标公司代表离场,评标小组各成员根据资质、技术方案和价格进行了打分。由于采购小组准备充分,各评标人的评分在录入电脑之后马上就计算出了每家供应商的总分,以及最后的排名,经核对后我们把评标结果进行了为期 3 天的公示,随后出具了中标通知书,于 12 月 31 日与中标供应商签订了合同。

根据两份采购合同的内容,我们更新了项目的资源日历和干系人登记册。

三、加强控制采购,严格按照采购管理计划,加强采购监督管理,及时发现问题,纠正问题

控制采购是管理采购关系、监督合同执行情况,并根据需要实施变更和采取纠正措施以及关闭合同的过程。我们根据项目管理计划、合同、采购文件、批准的变更请求和工作绩效数据等资料,结合其他管理工作采用多种措施进行采购控制。有一次订购的服务器未能及时到货,联系供应商说货已经发出,经追查发现物流公司车辆出了车祸,货物已损毁。供应商道歉之后提供了两个方案:一是从其他途径调货,能保证到货时间但参数低于合同要求;二是重新生产发货,到货时间需延后两周。我联系客户紧急商量对策,最终客户接受了第二方案。为了防止影响其他活动的开展,我们

在到货之后加班赶工进行验收和安装调试，幸而最终未对项目进度造成影响。在全部货物正式验收完毕后，采购小组向供应商出具了验收报告并支付了尾款，总结了供应商在采购过程中的表现，给予评分并列入了公司采购的供应商库，把采购中的一些往来文档收集归档后正式关闭了采购。

经过近 12 个月的开发建设，该项目于 2022 年 10 月正式上线并通过验收。该系统整体实现了当初既定目标，达到了投入运营的实效，特别是 LED 大屏幕直观展示了人才产业园的各类运营数据，体现了某市招才引智政策的成效，客户对此非常满意。项目最终比预算日期提前了十多天完成，获得公司领导的好评和嘉奖。这主要得益于我们牢抓项目采购管理，兼顾干系人沟通和质量管理，因而在项目招投标中选择了最合适而不是最低价的供应商，从而保证了项目一次性成功交付。但在项目中后期出现开发团队人员偶尔被其他项目抽调的情况，造成了局部风险，这个教训我写进了工作日志，并纳入了公司的组织过程资产，在今后的项目中会加以改进。

4.10　风险管理论文实战

4.10.1　2023 年上半年试题

项目风险管理旨在识别和管理未被项目计划及其他过程所管理的风险，如果不妥善管理，这些风险可能导致项目偏离计划，无法达成既定的项目目标。

请以"论信息系统项目的风险管理"为题进行论述。

1. 概要叙述你参与管理过的信息系统项目（项目的背景、项目规模、发起单位、目的、项目内容、组织结构、项目周期、交付的成果等），并说明你在其中承担的工作（项目背景要求本人真实经历，不得抄袭及杜撰）。

2. 请结合你所叙述的信息系统项目，围绕以下要点论述你对信息系统项目风险管理的认识：

（1）请根据你所描述的项目，详细阐述你是如何进行风险识别和风险应对的。

（2）请根据你所描述的项目，写出该项目的风险登记册，并描述风险登记册的具体内容在项目风险管理整个过程中是如何逐步完善的。

4.10.2　写作思路

一、首先在背景中要体现出项目的背景、项目规模、发起单位、目的、项目内容、组织结构、项目周期、交付的成果，以及作者在其中担任的角色。特别强调项目背景要真实，至少要看上去是真实的。

二、建议采用过渡段，在过渡段中写对风险管理的认识，以及风险管理的重要性，强调你在项目管理过程中，注重风险识别和风险应对，点明论文要求，引出要写的主题，由项目介绍转入写作正文，承上启下。

三、正文部分按风险管理的管理过程顺序写，风险管理的管理过程中要体现出输入、输出、工具与技术。风险管理的七个管理过程可根据实际需求适当裁剪，如有裁剪应在过渡段说明。

四、要注意论文要求，重点写风险识别和风险应对，写识别的过程和应对的方法、计划等。要在风险识别之后的各个过程里写出风险登记册如何更新，更新了哪些内容。

五、结尾部分概要介绍管理成果，总结经验教训，经验教训尽量细化一些，不要太笼统，可呼应论文要求，强调风险识别和风险应对方面做得好，形成首尾呼应，再次点题。

4.10.3　精选范文

作者：刘开向　　信息系统项目管理师

××省××银行为加快推进新一代票据业务系统建设，落实上海票据交易所 2021 年 7 月发布的《新一代票据业务系统工程计划》通知，上马了新一代票据业务系统项目。并于 2022 年 3 月份对项目进行了公开招标，我司顺利中标。我公司为项目型组织，2022 年 4 月，公司通过发布项目章程任命我为项目经理，全面负责该项目的建设管理。该项目共投资 592 万元，建设工期为 6 个月，要求按照"交易系统+信息服务系统+专用数据中台"三层架构建设，建设内容包括企业账户、支付结算、到期托收等票据关键业务子系统的开发集成，且对内要能与该行信贷系统、核心系统、短信平台等关联系统相关联，对外要能与人行系统对接。系统采用 CentOS 服务器环境、Java 语言开发，支持 MySQL、PostgreSQL 等数据库。通过该项目的建设，实现了票据等分化签发和拆包流转，引入企业信息报备、企业名称校验、票据账户主动管理等功能，确保了对风险票据的有效管控，为票据更好地服务实体经济提供重要保障。

由于金融行业的信息系统素以高质量、高可靠、高安全著称，因而项目的风险管理显得尤为重要。风险是一种不确定的事件或条件，一旦发生，将会对项目的目标产生积极或消极的影响，项目风险管理的目的是利用或强化正面风险（机会），规避或减轻负面风险（威胁）。在本项目实施过程中，我通过全面的风险识别后形成了风险登记册，且随着项目的进展不断更新，制订了科学可行的风险应对计划，最终确保了项目风险可控。本文我以该项目为例，从制订风险管理计划，风险识别、风险定性、定量分析、规划风险应对，实施风险应对、风险监控几方面论述了项目的风险管理。

一、规划风险管理，达成风险管理共识，为后期工作提供指南

规划风险管理是定义如何实施项目风险管理活动的过程。我们根据项目章程、干系人登记册等，与银行方项目负责人、运营部、合规部等业务代表一起通过会议的形式，借助 RBS 把风险类别分为了技术风险、管理风险、商业风险、外部风险四大类，然后明确了风险管理的策略，预留了项目总预算的 5%和 8%作为管理储备和应急储备，规定了每两周进行一次项目风险评审，同时评估了各主要干系人的风险偏好，制订了风险概率和影响矩阵等，特别针对如何更新风险登记册进行了明确。最后整理形成了风险管理计划，经评审后为后续的风险管理提供了指南。

二、风险识别，为项目团队预测未来事件积累知识和技能

风险识别是一项系统性、反复进行的工作，在此过程中，我们根据风险管理计划、采购文件、干系人登记册等，与项目全体成员和银行代表采用头脑风暴结合 SWOT 分析的方法，集思广益，从项目的优势、劣势、机会和威胁进行逐个检查，如共同分析出项目的优势在于我公司具有多年的开发经验，技术团队实力雄厚；劣势是新一代票据业务是我国刚规划出来的新的银行业务，公司对

该业务流程不熟悉；机会是国家大力推广新一代票据业务系统的开发和接入，为各开发公司提供支持；威胁是该系统需要与多个系统对接，有明确的上线时间规定等。我们共识别出了 25 条风险，归纳整理后形成了包括风险清单、潜在应对措施、潜在责任人等内容的风险登记册，并随着项目的进展不断更新。风险登记册主要内容如下：

已识别风险清单	潜在责任人	潜在应对措施
涉及银行多个部门，需求冲突	我	采用多种方法和多渠道收集需求，积极与银行方进行沟通
票据业务流程不熟悉	业务支撑组小王	邀请票据业务专家组织培训
系统接口不兼容	开发组组长小李	与原系统开发商沟通合作
信息安全	信息安全员小胡	加强信息安全管控，熟悉银行信息安全管理规定，按银行方的统一要求开发
疫情暴发风险	我	严格执行疫情管控规定
……	……	……

三、实施定性风险分析，确定风险优先级

在此过程中，我们根据风险管理计划和风险登记册等，采用概率和影响评估与风险参数评估的方法，从风险发生的概率及影响，还有风险的紧迫性、邻近性、潜伏期、可管理性、可控性等多方面对风险进行评估，对识别出来的风险排出了优先级，其中，信息安全不合规风险排在了第一位，业务流程不熟悉风险排在了第二位等，分析完成后，我们在风险登记册中加入了以下内容：风险的概率和影响评估、优先级别、风险紧迫性信息、低优先级风险的观察清单和需要进一步分析的风险等。

四、实施风险定量分析，对风险产生的影响进行量化

实施风险定量分析是就已识别的风险对项目总体目标的影响进行定量分析的过程。我们根据风险定性分析的结果，主要采用敏感性分析法，用龙卷风图来标出定量风险分析模型中的每项要素与其能影响的项目结果之间的关联系数，如信息安全中的加密算法与项目成本的关联系数为 0.5、票据业务流程不熟悉与项目进度的关联系数为 0.3 等。随后我用分析结果对风险登记册进行了再次更新。更新内容包括：所需的应急储备、风险的主要驱动因素、量化的风险优先级清单、定量风险分析结果的趋势等。

五、规划风险应对，拟定风险应对措施和方案

规划风险应对是针对项目目标制订提高机会、降低威胁的方案和行动的过程。我们结合风险管理计划、风险登记册，对消极风险采取了上报、回避、转移、减轻、接受策略，对积极风险采取了开拓、分享、提高等策略，如针对票据业务流程不熟悉的风险，我们采取了减轻的应对策略，拟订了培训计划和方案，分配了 5 万元的预算，由业务支撑组小王负责，拟邀请新一代票据业务专家在需求收集完成后进行两次培训；针对系统接口不兼容的积极风险，我们则采取了分享的应对策略，安排开发组组长小李在完成模块开发后负责与原系统开发商进行对接，拟订与原系统开发商进行合

作开发接口程序。随后我们再次更新了风险登记册的内容，具体包括：商定的应对策略、具体行动、风险发生的触发条件、需要的预算和进度活动、回退计划等。

六、实施风险应对，确保风险管理落到实处

在此过程中，我主要依据风险管理计划、风险登记册，利用人际关系技能，把制定好的风险应对措施落实到实处，去鼓励指定的风险责任人采取所需的行动，如针对票据业务流程不熟悉的风险，虽然安排了小王负责，但我作为项目经理并不是就当甩手掌柜，而是积极协助小王制订培训计划，利用个人的人脉寻找合适的培训专家，做好培训效果的评估等。最后还把应对措施的实施情况记入了风险登记册。

七、监督风险，提高风险应对效率，优化应对措施

项目实施过程中，风险会发生变化，因此需要随时关注项目是否产生新的风险，已识别的风险是否产生变化，风险应对措施是否合理有效等。因此，我们采用风险审计、偏差和趋势分析的方法，依据工作绩效数据和工作绩效报告，每月进行一次风险评审，审核风险应对措施是否有效，风险管理过程是否有效，不断地优化和调整风险管理和应对计划。并及时把新发现的风险、已过时的风险及更新的风险应对措施等及时记入风险登记册中。

经过团队全体成员的共同努力，我们在批准的预算内按期完成了项目工作，满足了项目质量要求，顺利通过了银行方组织的验收。本项目的成功离不开我科学规范的风险管控，特别是在早期就持续地进行了全面的风险识别，形成了风险登记册，并随着项目的进展不断完善，为风险管理提供了科学的依据，且制定了周全的风险应对计划。当然，"百密一疏，终有一漏"，在本项目中，也有一些不足之处，如我们的风险识别就漏掉了银行方测试环境准备不足的风险，导致所需测试工作推迟了两天，好在没对项目进度产生影响。

项目管理是一门科学，学无止境，我永远在路上。